男性困境

他们内心的创伤、恐惧与愤怒

【美】詹姆斯·霍利斯 ——— 著

朱倩倩 ——— 译

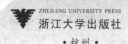

ZHEJIANG UNIVERSITY PRESS
浙江大学出版社
·杭州·

图书在版编目（CIP）数据

男性困境：他们内心的创伤、恐惧与愤怒 / （美）詹姆斯·霍利斯著；朱倩倩译. — 杭州：浙江大学出版社，2024.8（2025.5重印）
书名原名：Under Saturn's Shadow:The Wounding and Healing of Men
ISBN 978-7-308-25010-8

Ⅰ.①男… Ⅱ.①詹… ②朱… Ⅲ.①男性－心理学
Ⅳ.①B844.6

中国国家版本馆CIP数据核字（2024）第102340号

Original title: Under Saturn' s Shadow

© James Hollis, USA, 1994

Simplified Chinese Edition licensed through Flieder–Verlag GmbH, Germany

浙江省版权局著作权合同登记图字：11—2024—253号

男性困境：他们内心的创伤、恐惧与愤怒

（美）詹姆斯·霍利斯　著　朱倩倩　译

策划编辑	杭州蓝狮子文化创意有限公司
责任编辑	张　婷
责任校对	张培洁
责任印制	范洪法
出版发行	浙江大学出版社
	（杭州市天目山路148号　邮政编码　310007）
	（网址：http://www.zjupress.com）
排　　版	杭州林智广告有限公司
印　　刷	杭州钱江彩色印务有限公司
开　　本	880mm×1230mm　1/32
印　　张	6.875
字　　数	118千
版印次	2024年8月第1版　2025年5月第3次印刷
书　　号	ISBN 978-7-308-25010-8
定　　价	59.00元

谨以此书献给我的父亲、我的兄弟艾伦（Alan）、我的儿子蒂莫西（Timothy）和乔纳（Jonah），以及我的女儿塔琳（Taryn）和女婿丹尼尔（Daniel）。

记住，你们来这里就已经了解了和自己斗争的必要性——只和你自己。因此，感谢给你这个机会的每一个人。

——葛吉夫（Gurdjieff）

《与奇人相遇》（*Meeting with Remarkable Men*）

序

　　本书的灵感源自 1992 年 4 月在费城荣格中心的一场演讲。近 10 年来，作为一名荣格派心理分析师，尽管工作中越来越多地涉及男性的痛苦、需求和对疗愈的渴望，但我个人实际上一直在回避这个话题。12 年前，在我的临床患者中，女性患者和男性患者的比例是 9∶1，而现在，这个比例接近 6∶4。我相信其他分析师应该也经历了类似转变，这或许也是男性运动兴起的一种体现。我之所以一直回避这个话题，是因为一切似乎都在变化之中。往好了说，我看到了大量学术和情感方面的工作逐渐清晰化；但往坏了说，一种令人厌恶的流行心理学现象正在出现。

　　我非常关心患者个人的治愈和转变，这个过程通常很深刻，且非常个性化，以至于我们常常忽略了外部世界，以及其中蕴含的更加深刻的社会问题，我们是这个世界的一部分，自然也避不开这些问题。但我渐渐意识到，不同男性的故事似乎相互交织，并呈现出相似的主题。正如女性心理学那样，男性的集体经历也是他们个人成长过程中不可分割的一部分。个人经历与神话交织、融合，最终形成了独特的个人性格。

当然，现在市面上已有很多关于现代男性困境的好书。在本书中，我怀着感恩之心，或多或少地引用其中某些部分。严格来说，我们都是这个社群中的一部分，每个人的声音都有不同的回响。我写此书的目的并非为男性心理学提供原创的学术贡献，而是试图将复杂的问题进行提炼、整合，并用大众可以理解的语言表达出来。与此同时，我也参考了治疗中男性患者的临床经验，也感谢他们对本书写作的支持。

因此，《男性困境：他们内心的创伤、恐惧与愤怒》的目的是通过男性心理创伤与疗愈的综合视角，来审视 20 世纪末的社会情况。

但更重要的是，这也是我自省的过程。坦白地说，多年来我一直避开这个话题，不仅仅因为这些问题变幻莫测，更是因为我自己也经历过类似的痛苦，无法厘清自己作为男性的立场。命运让我生为男性，多年来，我只是默认了这个随机事实及其带来的后果，并认为跳出这个框架或许是噩梦而非解脱。在接下来的篇章中，我将不时引用自己的亲身经历，并非为了自我陶醉，而是因为我认为它们很典型，极具代表性。正如画家托尼·贝兰特（Tony Berlant）所说："一件艺术作品越典型，就越具有普遍意义。"[1]

在关注男性问题时，我并非有意弱化女性内心的创伤。相反，作为男性，我们应对那些敢于发声的女性怀有感激之情，她们不仅表达了自己身处性别歧视文化中的痛苦，同时也从侧面解放了男性，使我们能够更加真实地展现自我。她们帮助男性更好地审视自己所受的伤害，因此我们都是受益者。女性为了将自己从集体阴影中解放出来进行了诸多斗争，她们为男性树立了榜样，给予了我们面对内心黑暗的勇气，也让我们意识到我们必须像女性一样走出这片阴影。如果男性仍然将自己困在黑暗之中，我们就会继续伤害女性，最终伤害自己，这个世界就永远不会变成一个安全、健康的地方。因此，我们现在要做的事情不仅是为了自己，也是为了周围的人。

20世纪中期，丹麦哲学家索伦·克尔凯郭尔（Soren Kierkegaard）就曾指出，人类无法拯救自己所处的时代，只能看着其衰亡。[2]无意识的力量、公共机构以及意识形态塑造了我们的生活，这种惯性的力量过大，以至于我们无法快速地对社会及其中的性别角色进行变革。然而，当务之急是要让男性意识

1　彼得·克洛西尔（Peter Clothier）的《锤炼魔法》（Hammering Out Magic），出自《艺术新闻》（*Art News*）第113页。
2　索伦·克尔凯郭尔，《克尔凯郭尔日记》（*The Journals of Kierkegaard*），第165页。

到自己遭受了严重的伤害。正是因为忽略了自己的创伤，他们才会反复伤害自己和女性。我常常思考，为什么女性憎恨压迫她们的男性，而男性又为何会憎恨和害怕彼此。

因此，这本书汲取了许多人的研究成果，旨在唤醒男性更深层的意识，并推动进一步的心理疗愈对话。那些有意识或无意识支配我们生活的意象只能通过个人的痛苦来逐渐化解，然而，如果男性能够逐渐认识到自己内心的悲伤和愤怒，并促进彼此的交流，这也将有助于治愈这个世界的创伤。

我鼓励读者都能在书中所描述的场景中寻找自己的影子。例如，关于男性与母亲情结斗争的描述，也许有助于男性理解生活中一些奇怪的矛盾心理。男性的人生旅程充满了无限的可能，同时也遍布荆棘。看清楚这些冒险和任务背后的东西，才有可能让我们的经历变得更有意义。所谓无知则无害，这种说法并不可信；事实上，我们深受其害，就像《圣经》里的参孙一样，我们盲目推倒的圣殿可能正好压在我们自己的头上。

为了让大家更好地理解并意识到男性所经历的心理磨难，我认为有必要跟大家分享一些男性的秘密，这样或许也能帮助女性更好地理解男性。其中一些秘密，可能男性自己都是第一次听说，我甚至怀疑，这本书的男性读者可能根本不认同，是这些秘密导致了他们心理的创伤，乃至内心的封存与隔离。即便我们无法治愈创伤、驱散恐惧，至少我们可以敞开心扉。

　　本书的标题暗含一个事实，即无论男性还是女性，我们始终处于意识形态这个穹顶的阴影之下，这些阴影部分是自发形成的，部分来自家庭和社会的传承，部分或许源自民族历史或神话传说。这种阴影对心灵来说可谓不可承受之重。在此阴影之下，男性的精神饱受压迫和摧残。作为一个男人意味着什么——男性的角色与期望、竞争与敌意、对男人优良品质和能力的羞辱与贬低——所有这些对男性的定义最终成了沉重的负担。这种负担一直存在，但如今勇敢的男性开始质疑：难道他们非得生活在这种负担之下吗？

　　萨图尔（Saturn）是罗马的农业之神。一方面，作为生育之神，他帮助创造了早期的罗马文明；而另一方面，他又与一连串黑暗血腥的故事联系在一起。他早期的希腊化身克洛诺斯（Cronus）是由男性起源乌拉诺斯（Uranus）和女性起源盖亚（Gaia）所生。乌拉诺斯憎恨他的孩子们，忌惮他们的潜力，传说他是"第一个有可耻行为的人"。[1] 他的妻子盖亚制作了一把镰刀，并诱使克洛诺斯攻击他的父亲。克洛诺斯便攻击并切下了

1　莉莉安·费德尔（LiLian Feder）《克罗威尔古典文学手册》（*Crowell's Handbook of Classical Literature*），第 109 页。

他父亲的阳具。血滴在大地上，诞生了可怕的巨人，其阳具落入大海，产生大片泡沫，充满精子的大海孕育了爱神阿佛洛狄忒（Aphrodite），其名字的含义便是"诞生于泡沫之中"。[1]

克洛诺斯取代了他的父亲，成为另一个暴君。每当他和他的妻子瑞亚（Rhea）生下孩子时，他都会吃掉他们，唯一逃脱这种命运的是宙斯（Zeus）。反过来，宙斯领导了一场针对其父亲的叛乱，随后发生了长达10年的战争。随着宙斯的胜利，许多文明力量开始涌现，但同样，他最终也成了权力的奴隶，走向暴虐。[2]

因此，克洛诺斯—萨图尔的故事是一个关于权力、嫉妒、缺乏安全感的故事——一场对性欲、生育以及地球的暴力。正如荣格所说："当权力主宰一切时，爱就消失了。[3] 除了众神戏剧化地赋予权力巨大的能力之外，我们还看到了权力情结中的腐败。权力本身是中性的，但如果没有爱，它就会被恐惧和补偿性野心裹挟，最终走向暴力。正如莎士比亚所言："欲戴王冠，

1　莉莉安·费德尔，《克罗威尔古典文学手册》，第41页。
2　他对普罗米修斯（Prometheus）等人的压迫众所周知，具体可参见伊迪丝·汉密尔顿（Edith Hamilton）的《神话》（*Mythology*），第75~78页。
3　荣格（Jung），《分析心理学两论》（"Two Essays on Analytical Psychology"），《心理类型理论》（*The Problem of the Attitude-Type*），《荣格文集》（*The Collected Works of C.G. Jung*）第7卷，第78段。

必承其重。"[1]

历史上大多数人都是在萨图尔的阴影下成长起来的，他们遭受了权力的腐败，在恐惧的驱使下伤害自己及他人。现代男性或许认为自己别无选择，认为萨图尔的这套人生规则早已注定，不可改变。但我并不这样认为。

这本书的初衷是帮助读者认识到这个黑暗神话是如何伤害我们的灵魂的。我希望这本书能够激励每个人审视内心，并寻求更大的个人自由。

男人内心的八大秘密

> 1. 男性和女性一样，同样受制于严格的角色的期待。
> 2. 男性的生活在很大程度上受到恐惧的主宰。
> 3. 在男性的心理世界中，女性的力量是巨大的。
> 4. 男性串通一气，保持沉默，目的是压制他们的真实情感。
> 5. 男性必须离开母亲，并摆脱母亲情结，所以受伤是必然的。
> 6. 男人天生具有暴力倾向，是因为他们的灵魂曾受

---

1 威廉·莎士比亚（Willian Shakespeare），《亨利四世》（Henry Ⅳ），第 2 部分，第 3 幕，第 31 行。

到侵犯。

7. 每个男人都渴望得到亲生父亲及部落之父的引导。

8. 要想得到疗愈，男性必须激活内在，而非从外在索取。

目　录

第一章

CHAPTER 1

纽带、角色与期待

　　"人生而自由，却无往不在枷锁之中。"这是让·雅克·卢梭（Jean-Jacques Rousseau）在 1762 年所著《社会契约论》[（*The Social Contract*），又称《政治权利原理》（*Principles of Political Right*）] 中的开篇第一句话。我们都是生而自由的，怀揣着完整和健康的种子，降临到这个世界上。由于儿童的基本需求主要依赖于父母及其社会文化，因此他们很快就与大自然疏远了。我们所有人都要经历社会化，以此来服务和维护集体、家庭与社会结构。这些结构固然有自己的生命，但仍然需要我们人类不断做出牺牲来维持它们的活力。

　　在我们的骨骼结构里，在我们神经纹理中，乃至在记忆的走廊里，仍然保留着那个珍贵的孩童。谁不曾躺在草地上，就像年轻的詹姆斯·阿吉（James Agee）一样，望着夏夜的星空，对一切的奥秘感到好奇，凭着孩子的直觉思考宇宙般大的问题呢？"我们现在讨论的是田纳西州诺克斯维尔的夏夜，住在那儿的那段时间，我成功地将自己伪装成一个孩子。"[1] 晚饭后，大人们走出来，打开了洒水器，门廊处的秋千前后晃动，吱吱作

1　詹姆斯·阿吉，《家中丧事》（*A Death in the Family*），第 11 页。该书讲述的是 20 世纪初，田纳西州诺克斯维尔一位父亲的意外死亡，给家庭各个成员造成的悲剧影响。

响，我们这些孩子便陷入了无限遐想，直到睡意、温柔的微笑把我带到了她的身边。那些接待我的人，笑而不语，就像我本就是这个家庭里的一员：但他们不会，不仅现在不会，而且永远不会，永远也不会告诉我，我是谁。[1]

　　阿吉对过去的追忆，在我们每个人的生活中都有所体现——对这旋转地球的好奇，对模糊未来的焦虑，以及对流淌于血管中生命的喜悦。然而这些都去哪里了呢？为何会感到这般沉重，为什么身体会疼痛，为什么灵魂会疲惫，为什么头脑和骨骼充满了倦怠？那个害怕却自负满满的孩子到哪里去了？他仍然存在于那些自发的瞬间中，在"孤独欢愉的冲动"中[2]，以及在工作间从意识里溜走的虚幻梦想中。他仍然存在，只是深藏于内心，疲惫不堪地受到萨图尔的穹顶阴影的笼罩。

　　用我个人的例子来具体说明一下吧。我父亲这个人偶尔会放声大笑，或者开个玩笑，甚至吹口哨。童年时的我就意识到，他一旦吹口哨，往往就意味我们要面临危机了；但也是在那时，我想吹口哨或许也代表了一种英雄气概。俗话说，他这是在黑暗中吹口哨。但过了一段时间，我开始意识到，他吹口哨的时

1　詹姆斯·阿吉，《家中丧事》，第 15 页。
2　威廉·巴特勒·叶芝（W.B. Yeats），《一位爱尔兰飞行员预见了自己的死亡》（"An Irish Airman Foresees His Death"），第 11 行，《叶芝诗集》（*Collected Poems of W.B Yeats*）。

候并不是快乐的时刻，而是黑暗的时刻。尽管他极力掩饰，但我知道事情并不简单。

　　由于经济大萧条和中西部农业经济的衰退，我祖父的农业器械生意宣告破产，因此我的父亲不得不在八年级时放弃学业。这明确地向我的父亲传达了一个信息，这个信息也影响了他当时乃至之后的生活，那就是他必须牺牲自己的兴趣，努力工作以养活整个家庭。

　　后来，当我作为长子出生时，他白天在奥利斯－查尔默斯公司（Allis-Chalmers）的装配线上组装拖拉机和挖掘设备，晚上和周末开卡车，给当地人运送煤炭。讽刺的是，多年后他被提拔为装配线上的"分析师"，负责告诉那些受过大学教育的工程师们哪里出错了。在公司工作多年后，整个系统他早已烂熟于心，于是便能分析问题，成为一名疑难问题专家。

　　50 年来，每周五他都会带着工资回家，这些工资足以付清家中所有的账单。我最好的朋友肯特（Kent）那会儿时常会饿肚子，而我们从未挨过饿，但即便是这样，我知道我的父亲也始终在担心我们会挨饿。我的第一个萨图尔信息便来自我的父亲，清晰且挥之不去，那便是作为一个男人就意味着要工作，意味着要持续工作——任何能够担负家庭责任的工作。在承担这一巨大责任之前，个人需求必须先被搁置一旁。多年后，当有一位女士问我，我希望死后在墓碑上刻什么时，我的回答是："这里躺着一个值得信赖的人。"这种责任感的力量如此强大，以至于我的父亲，乃至后来的我，都准备为此献出一生，并希望因此被人铭记。

多年后，当我在父亲的生日贺卡上给他写了张便条时，他跨越了我们之间所有的隔阂，回复道："很抱歉出于工作的原因，我始终没有机会好好地了解你们。"尽管我因他对家庭的忠诚与负责而向他表达了尊敬，但他却在为我们的渐行渐远承担责任。我知道他为这个家庭的付出，为我们受苦，为我们担心，因此我从未因为他工作忙碌而埋怨过他。但我也知道这并不能让他心里好受一些。那时我便明白：虽然起不到任何心理安慰，但显然这就是作为一个男人的意义。

在我成长的过程中，第二次世界大战爆发了。我看到大人们聚在收音机周围，焦虑地听着欧洲和南太平洋战局，记挂着在图拉吉岛（Tulagi）、棉兰老岛（Mindanao）、B-17 球形炮塔（ball-turret of B-17）等陌生地方作战的亲人。他们最终都平安归来；24 岁的士兵从菲律宾归来时头发全白了，而尾炮手的腿上带着一块反坦克炮弹碎片。

封闭式的窗帘，火车站眼泪汪汪的告别，显而易见的焦虑，都使我感觉到有一些极其可怕的事情正在发生，而我们都深陷其中。我还无意中听到他们低声讲述残暴的故事，比如，有一家人收到了国际红十字会寄来的他们儿子的明信片。邮票下方写着："他们割掉了我的舌头。"无论这些故事是否真实，我周围的大人们都相信它们是真实的，这对我来说就足够了。

这是我获得的关于作为男人的第二个不容置疑的信息。我坚信，除了承担经济重担之外，我的命运是长大后成为一名士兵，去外国某个地方，杀人或被杀，或是受尽折磨和伤害后荣归故里。我彻夜难眠，躺在床上想象着与这些恐怖命运相遇的时刻。所有经历过大萧条的大人都深受创伤和不安的影响，同样，任何人回想起战争，都会为记忆中的恐怖和不确定性不寒而栗。作为生活在中西部的孩子，我离那些血淋淋的城市很远，但战争无处不在，我们都很害怕。那时的我甚至都没听说过达豪（Dachao）、贝尔根－贝尔森（Bergen-Belsen）和莫特豪森（Mauthausen）这些地方，但成年后，我带着我的孩子们去了这些地方。这并不全是杞人忧天，有些事情确实值得担心，作为一个男人，我有责任提前考虑，并具备及时反应的能力。这或许就是我们与萨图尔之间最沉重的"纽带"，可以用三个"W"概括：工作（work）、战争（war）和担忧（worry）。

所有男人的回忆里也许都有类似的时刻：感觉受到了命运的召唤，去承担一些远远超出自己理解能力的事情。不可避免地被卷入风暴中心时，孩子会迫切希望获取信息、榜样、领导或是指导，来帮助他应对即将到来的巨大考验。如果必须承受这样的试炼，年轻人总是希望"他们"会把他带到一边，教会他所需要知道的一切。

记得曾经有一次，我无意中看到了成为男人必须掌握的奥秘。那时，我父亲的手掌被鱼钩钩住了，但他毫无表情地把它拔了出来。我心想，也许大人感觉不到小孩那样的痛苦，但我也曾怀疑，或许有人教过他这份我迫切需要的神秘勇气。也许有一天，"他们"也会把我带到一边，教我如何成为一个男人。我以为这一天会发生在高中时期，虽然我对所谓的青春期没有什么概念，但我能看出高中生明显比我们人高马大，他们似乎已经步入了成年人的行列。但让我惊讶和至今感到失望的是，"他们"从未把我带到一边，告诉我作为男人的意义，或是作为成年人应该怎样行事。

当然，如今我明白了，"他们"，即我们这个时代的长者，也不知道成为一个男人意味着什么。他们也没有受过启发，因此他们根本无法传递自己所缺乏的奥秘和将其释放的知识。

虽然跌跌撞撞，但我似乎明白了，从童年到成年的转变必须通过某种过渡仪式来实现。这些仪式不仅代表从婴儿的依赖过渡为成年人的独立，还包括传递诸如公民的品格与素养等价值观，以及连接一个人与其神明、社会乃至他自己内心的信仰与态度。然而，这些过渡仪式早已凋零枯萎。米尔恰·伊利亚德（Mircea Eliade）曾指出："人们常说，现代世界的一个特点就是任何有意义的启蒙仪式都会消失。"[1]甚至连"启蒙仪式"或"过渡仪式"这样的词语都不为我们这个时代所理解了。

仪式是一种向内部深入的运动。仪式不是发明出来的；仪式是被发现、被体验出来的，它们源自某种原型的深度体验。仪式所呈现的象征性行为，其目的是引导人们进入或回归那种深度的体验。显然，重复的仪式可能会失去那种超越自身，走向深处的能力，从而变得空洞和贫乏。然而，我们对深度体验的需求依然存在。荣格在《象征人生》（*The Symbolic Life*）一书中曾说，印第安部落的普韦布洛人认为是他们的仪式帮助太阳升起，这点对他们而言非常重要。

> 当人们感觉自己过着象征性的生活，他们都是生活这场神圣戏剧中的演员时，他们的内心便归于平静。这赋予了人类生命唯一的意义；其他一切都可以抛之脑后，事业、儿女，在生命的意义面前，根本不值一提。

1　米尔恰·伊利亚德（Mircea Eliade）《启蒙仪式与象征》（*Rites and Symbols of Initiation*），第9页。

　　如果没有这些富有意义的仪式，我们将对灵魂造成最严重的伤害——生活失去深度。同样，过渡的概念也至关重要，因为所有的过渡都意味着某种结束（如死亡），以及新的开始（如诞生）。只有死亡是静态的，生命的本质是变化的。如果我们要过上有意义的生活，我们必然会经历许多死亡和重生的轮回。[1]启蒙意味着进入某种新的或是神秘的领域。

　　鉴于过渡仪式已经基本从我们的文化中消失，男性便只能从个体的角度出发，去反思这些仪式所提供的东西。社会文化无法提供的东西，我们只能自己去寻找。尽管文化风俗种类繁多，各不相同，但此类过渡仪式的原型阶段却惊人相似。似乎我们的前辈已经觉察到了个人发展与独立的重要性，因此对仪式的必要性达成了共识。这些仪式的持续时间、强度以及决定因素与脱离童年、成长所面临的困难呈正比。我们很少有人能够在心理意义上完全脱离童年成长起来，因此，反思启蒙的各个阶段的体验或许对我们有所帮助。同样，文化没有为我们提供的东西，都需要我们个人去获取。我们不能因为无知而回避这个事实，否则就永远无法真正成长为一个男人。

　　这些仪式可以总结为六个阶段。虽然每个阶段的内容根据

1　详情参见我的另一本作品《中年之路：人格的第二次成型》（*The Middle Passage: From Misery to Meaning in Midlife*）。

当地风俗有所不同，但这些阶段本身都或多或少包含在各种文化之中。

第一个阶段是分离，从与父母身体上的分离开始，直到心理上的分离。在这件事上，男孩们从未有过选择权。通常是在半夜，他们会被上帝或是恶魔（通常是戴着面具或是脸上有涂鸦的部落族人），从父母身边"绑架"走。这些面具将他们带离熟悉的街坊邻居，进入上帝或是原始力量的领域。这种分离的突然性，甚至是暴力性，都是一种提示，即没有哪个年轻人会自愿放弃炉火旁的舒适。炉火的温暖、保护与滋养具有巨大的引力。无论是字面义还是引申义，留在炉火旁就意味着仍然是个孩子，并放弃了成为一个成年人的可能。

第二个阶段是死亡。那个男孩会被埋葬，穿越一个黑暗的隧道，陷入某种真正的或是象征性的黑暗。虽然这个经历十分恐怖，但从象征意义上来说，这是童年依赖心理的消亡，这个男孩正在体验失去温暖炉火的痛苦。"你不能再回家了。"这便是失去了纯真，失去了与伊甸园般童年的联系。正如迪伦·托马斯（Dylan Thomas）所说，在"奄奄一息"中，孩子"苏醒在农场，永远远离了没有孩童的世界"。[1]

既然有死亡，那么生存就必然紧随其后。因此，第三个阶

---

[1] 伦·托马斯，《羊齿山》（"Fern Hill"），《诗集》（*Collected Poems*）。

段便是重生。有时伴随重生，名字也会随之变化，再次宣告新生命的诞生。基督教的洗礼仪式就象征着这种死亡与重生的概念；罗马天主教的坚信礼和犹太教的成人礼也都是这些历史仪式的遗存。

第四个阶段是教导，即传授青年人成为成年人所需要的知识。教导有三种不同的类型：传授实用技能，如狩猎、捕鱼、防御和放牧等，这些相当重要，因为新一代的男人需要掌握这些技能，从而帮助维持和保护其所处的社会；成年人和公民的特权和责任也是教导的类型之一；最后，还有对神秘力量的引导，以便年轻人拥有神秘领域的精神根基和参与感。"我们的神是谁？""这种社会、法律、伦理、精神赋予了我们什么？"将个人置于神话的背景下，能够增加他们的身份认同感，使其有强大的意识框架，从而深化年轻人的灵魂。

第五个阶段可以被称为考验阶段。实践的内容可能有些相似，但男孩们必须放弃炉边的舒适与庇护。后面我们会更详细地探讨这点，但对我们现代人来说，这种看似毫无必要的残酷实际上是一种智慧，因为这种痛苦能够加速意识的觉醒。意识的觉醒皆来源于痛苦，如果没有痛苦——无论其形式上的是身体上的、情感上的还是精神上的，我们都会满足于现有的秩序、舒适与依赖。这些痛苦存在的第二个原因，坦率地说，是为了帮助男孩们适应即将到来的现实生活的严酷。虽然听起来有些野蛮，但诸如割礼等仪式不仅表示我们放弃了肉体的舒适与童年的依赖，更是我们迈向成熟的成年人的标志。

考验通常也意味着某种形式的隔离，即远离社区，进入一个神圣的空间。成年的本质不仅意味着不能再依靠他人的庇护，还意味着必须学会依靠自身的资源。在被迫使用之前，没有人知道自己拥有这些资源。自然界是黑暗的，充满了奇怪的动物与恶魔，与恐惧的对抗具有决定性意义。仪式性的隔离能够带你通往真理的核心，即无论我们的社会生活有多么族群化，我们的人生旅程依旧是孤单的，因此我们必须学会从内在汲取力量，否则永远无法步入成年。通常受启发者会独自度过数月，等待伟大的梦想，或是期待来自神灵的交流，呼唤他的真名或给予职业上的引领。只有学会依靠自己的智慧、勇气和武器，他才不会灭亡。

最后一个阶段，一切尘埃落定之后，男孩最终成为男人。

这些过渡仪式非常复杂，也充满了智慧，因为它们与母亲情结——我们所有人内在极强的依赖倾向，有着直接的关联，我们需要极其复杂而强大的精神力量才能克服这种惯性引力，毕竟没有哪个正常人愿意主动放弃舒适区。因此，惰性、恐惧和依赖会主导甚至威胁我们所有人的生活。在传统文化中，男孩的仪式往往比女孩的更复杂，因为大家对女孩的期待往往是脱离母亲情结后最终又会回到火炉边。[1] 同样，对男孩来说，分离的仪式十分强大，且具有决定性意义，不仅是因为母亲情结的力量，更是因为男孩们肩负着脱离自然与本能，进入人为构建的文化世界的期待。

例如，经济学就是一个完全人为构建的存在。金钱、薪资、股票期权——这些人类生活中赖以生存的概念，同时也是其灵魂的投射。进食或者饥饿都是人的本能；而金钱、支票或奖金都是人为构建的。要使一个孩子能够抵抗住无意识的力量，从本能的世界中分离出来，就需要一个与其势均力敌的神秘构造。

因此，传统的过渡仪式必须非常复杂，为的是填补童年与成年之间的巨大鸿沟，让男孩能够顺利从本能的、依赖性的世界过渡到独立的、自给自足的成年人世界。如果这些仪式奏效，男孩将经历一场质的转变：原来的他会就此死去，从而重生为另一个他。但我们都知道，如今早已没有这些所谓的启蒙仪式了，这种质的转变都藏在了暗处。如果我们问一个男人："你觉得自己像个男人吗？"他很可能会认为这个问题很傻或是认为我们话

1　如今人们对女孩的期望急剧提高，女性也越来越自由地追求不一样的生活。因此，她们也需要启蒙仪式。具体可参见西尔维娅·布林顿·佩雷拉（Sylvia Brinton Perera）的《女神的后裔：女性启蒙之路》（*Descent to the Goddess: A Way of Initiation for Women*）。

里有话。他当然知道自己的角色，但他既无法定义成为一个男人意味着什么，也无法感知到他是否达到了自己所定义的标准。简而言之，智者已经不在了，他们消失在了死亡、抑郁、酗酒或企业董事会和丰厚的离职补偿之中。童年到成年的桥梁已然坍塌。

缺乏有意义的过渡仪式，又没有智者向他们传递彼岸的信息，男性便只能参考社会对其角色的期望，以及空洞的角色模型，期望能够从中获得一些线索。与此同时，灵魂的痛苦与困惑或压抑在内心，或外显为暴力，或干脆与意识疏离。因此，智慧和经验之间的鸿沟只能靠外在的形象填补，对女性来说也是如此，而这些外在形象很少能够滋养灵魂。

因此，第一个需要公开承认的重大秘密就是，男性和女性一样，都受制于角色的期待。而其必然的结果是，这些角色并不能理解、支持或是呼应男性灵魂的需要。

正是因为男性逐渐认识到这种角色期望与其灵魂需求之间的巨大差异，所谓的男性运动就此兴起。虽然还没有代表性的机构或团体（诸如国家妇女组织），也没有形成清晰的社会政治议程，但散落各地的男性团体和不断增加的相关文学作品都表明，人们开始意识到这个严重的问题了。约翰·李（John Lee）简明地总结了这一运动的需求：

　　这是一场情感运动，是男性对数百年以来积压的痛苦和毒素的集体释放。从任何角度看，这场运动都不是以权力为导向的，但却十分猛烈，因为它将男性和他们的精神解放出来，摒弃了陈旧的观念："不要去感受；死在女性前面；不要说话；不要哀悼；不要发火；不要搅乱局面；不要相信其他男性；不要把激情置于生计之上；追随人群，而非跟随自身的喜悦。"[1]

　　我完全同意这些观点。然而，权力的影子不可避免地渗入任何组织、任何运动。当男性被过度社会化和驯化后，他们自然会感受到对于某种野性和深层次的渴望；然而，正常情况下男人一般不会加入任何团体，他们会觉得在森林中聚会敲鼓是很荒谬的行为，他们也很少愿意在其他男人面前展现自己的脆弱。我无意批评那些在森林里哭泣、咆哮、敲鼓的人，因为他们常常找到一些自己灵魂需要的东西。同时，这种活动从长期来看，可能与如今女性焚烧胸罩，追求尊严与平等一样具有重要意义。焚烧胸罩是一种重要的情感释放方式，至少对某些人来说是如此，但在我看来，这些精力如果能够放在讨论上、法庭上以及追求文化变革上，或许能发挥更有效的作用。

1　约翰·李，《父亲的葬礼》（*At My Father's Wedding*），第 18 页。

我们对男性的理解还处于早期阶段，许多人需要一种情感释放的形式，以及一种与他人分享痛苦的方式。但我怀疑未来的几代人或许会以一种略带幽默的怀旧情感，来回顾这个开启男性文明的时代，就像我们回忆 20 世纪 60 年代的公社一样——虽然出发点很好，但对历史进程似乎没什么影响。

最近，我去了圣达菲看我儿子，他正在努力成为一名艺术家。我们驱车前往杰梅兹山脉（Jemez Mountains），我们一路往上开，直到道路尽头。沿途有猫头鹰、鹿，以及两只站在岩石上的大黑鸟。靠近时，我们发现那块岩石后有两条腿，两只掠食者正在啃食一头麋鹿。那一刻我们仿佛远离了文明，我们开玩笑说，如果突然下雪，那么等春天融雪时，或许会发现两具盎格鲁人的尸体。结束了这场原始冒险，我们心满意足地回到了圣达菲广场。

穿过街道时，我儿子看见了当地男性团体的领导者，并把我介绍给他。这位男士马上开始询问我都知道些什么，认识谁，以及是否敲过鼓，等等。我感到自己无意间卷入了一种竞争的氛围。他很热情地邀请我参加第二天的改名仪式，为两名即将迎来五十岁生日的男子庆生。但我告诉他，明早 7:30 我就必须离开阿尔伯克基，飞往大西洋城，他说："我有个小疑问，为什么你和儿子相处的时间这么短？"

　　我回答说我必须回去工作，赚钱养家，这是经典的男性辩护（同时也是现实），但我还没说完，我的儿子就插话说："这是他今年第三次来看我了。""噢，好吧。"那个人应和了一声，我们便分开了。

　　事后我和儿子回顾了一下这次会面，尽管这个男人声称自己很有觉悟，但他仍然用男性问题带来了消极的氛围。他设置了一个让我有竞争感的圈套，我上钩了；然后他试图羞辱我是个不合格的父亲。我相信他并无恶意，而我可能也确实过度专注于工作，并不是一个完美的父亲，但我们俩都掉入了长久以来为男性准备好的陷阱。男性运动的目的肯定不是加强这些陈旧的观念，更不是像他这样无意中就让男性彼此对立。

　　在这场圣达菲广场正午的决斗中，没有人拔出左轮手枪，但在240秒的交锋中，彼此都开火并受伤了。一个男性运动的领袖，在欢迎我的同时向我开火了。打量我的过程触发了他内心的情结，然后便条件反射地用竞争性的方式质疑我。接着，权力的影子乘虚而入，他试图羞辱我是一个不称职的父亲。他的问题旨在将他置于上风，把我置于下风。尽管他确实信奉男性运动，渴望摆脱这种游戏，但他最终还是自己触发了这个游戏。

　　我们之间的交流可能看起来无伤大雅，又或许是我过度解读了，但回过头来一帧帧地分析，我们就能看到角色被无意识地操控，其内心的情结被激活，最终男性条件反射，将自己置于无法获胜的位置上。情结，指的是心中情感充沛的能量集群。我们可能对这种心理能量的存在并不敏感，但一旦被激活，它们便有能力暂时接管我们的意识人格。因此，情境本身——两个男人见面，互相打量——激活了内心的情结，让我们违背主观意图，扮演了传统角色。在集体层面上，男性每天都在演绎这种竞争和耻辱的交流，无论是在学术界，在企业战争中，还是在公海和战场上。

在男性见面并互相打量的过程中，权力情结的身影被迫浮出水面。阴影部分代表我们心灵的一部分，我们也许会感到不舒服、受到蔑视，或是它威胁了自我意图，但它仍然是灵魂的一部分。直面这部分阴影是整合它的唯一途径，因为无法整合的部分会投射到他人身上，或通过危险行为表露出来。虽然圣达菲街头两名男子的交流算不上史诗般的对抗，但它仍然揭示了权力本质的问题，以及所有随之而来的恐惧和防御。

这便引出了男性的第二个秘密，即男性的生活在很大程度上受到恐惧的主宰。

由于男性对这种内心的脆弱无能为力，他们几乎不敢向自己或是他人承认：恐惧确实对他们产生了很大的影响。但要想得到彻底的疗愈，男性必须不再为自己的恐惧感到羞愧。在这件事上我一直很钦佩女性，她们敢于承认自己的恐惧，与人分享，从而获得他人的支持。而对于男性来说，承认恐惧似乎就意味着不够有男子气概，且要冒着被他人羞辱的风险。因此，他们的孤立感进一步加深了。

但是兄弟们，这个秘密已经公开了，甚至你们身边的女性都知道，事实上她们早已看穿。在筹备这本书时，我在《家庭杂志》(*Ladies Home Journal*) 1992 年 3 月刊上看到了一篇文章，题为《男人的恐惧：他永远不会告诉你的秘密》。所以我们早就暴露了。实际上，这篇文章准确地指出了男人的两大基本恐惧，即不合格的恐惧以及身心试炼的恐惧（注意这与我童年时发现的工作与战争中那两种潜在担忧的关联）。

对于不合格的恐惧是萨图尔阴影下最明显的特征——竞争、输赢、生产力等都是衡量男性是否合格的标准。恐惧的考验，即启蒙仪式的第五个阶段，指的就是男性怀疑自己是否具有保护自己和家人的能力。从《稻草狗》(*Straw Dogs*) 到《恐怖角》(*Cape Fear*) 等，很多电影都唤起了我们内心原始的冲动，即作为男人就该保护自己的家园。而实际上，许多男性坦言，相较于死亡，他们其实更害怕生病、无能以及无力感。当我在演讲中这么说时，逻辑上似乎很荒谬，还有什么比死亡更可怕呢？

然而，在场的男性总是点头赞同。没错，他们更害怕面对考验，害怕在考验中失败，而非死亡。无能为力的感觉，无论是什么形式（工作、战争与担忧），都比直接消失更糟糕。

由于受到恐惧的支配，他们无法承认这一点，否则就会失去现有的一切；他们不能与同伴分享，否则他们将受到羞辱。那些吹嘘自己有房有车，或是炫耀自己位高权重的人，在某种程度上都是利用这些来弥补内心渺小的感觉。高档午餐及拥有过人的权力或许可以满足自我增值情结，但它们只是真正实力可悲的替代品。正如伟大的美国哲学家玻尔·贝利（Pearl Bailey）所说："自以为是却不自知。"权力表现的背后是内心的情结，情结的背后是恐惧。受到惊吓的动物往往是最危险的。也许弗洛伊德（Freud）说得对，一切事物本质上都是性。阿德勒（Adler）也曾赋予权力至高地位，因为一旦爱欲受创，便会诉诸权力。

"权力情结"是男性生活的核心驱动力，它推动他们前行的同时也伤害了他们。出于愤怒，他们伤害他人；出于悲伤和羞愧，他们逐渐疏远彼此。这种相互伤害的代价是巨大的、重复的且具有周期性的。任何无意识的东西都会以消极的方式内化，或投射到他人身上，表现为破坏性的行为。

前面我们所提到的——男性与女性一样，生活中也受到社会角色期望的影响，以及男性私下受到恐惧的支配，这两大秘密所带来的后果从个别男性的痛苦及社会病理学中便可轻易探知。美国男性平均比女性早逝 8 年，且滥用药物和自杀的概率是女性的 4 倍。此外，他们入狱的可能性是女性的 11 倍。[1] 这些统计数据只是冰山一角，甚至还未深入涉及男性的愤怒、悲伤和孤独。

男性运动是对这种显性及隐性痛苦的正面回应。男性渴望创造一个安全的空间，在那里他们可以互相分享具有启发性、有生命意义的经历。我并不是否定这种行为，但我相信最终的变革是从个人开始的，分享固然有其意义，但个人变革才是首要的。

因此，尽管我承认社会运动的价值，但我也明白所有机构最终都会为自身的生存而服务，从而逐渐忘却成立的初心。同样，尽管我认同男性运动的必要性和愿景，但我很清楚，只要人聚集在一起，尽管只有两三个，还是一定会有权力的影子。

因此，这本书是为个体男性及与他们有关的女性而写的。加入团体，与其他男性分享经历固然有其价值，但现代男性的重生必须经历个人灵魂的重塑。只有具备辨别内心涌动力量的能力，一个男人才能决定是否要回归组织、回归婚姻，以及回归社会大众。

1　亚伦·基普尼斯（Aaron Kipnis）《无甲骑士》（*Knights without Armor*），第 16 页。

荣格派心理分析师詹姆斯·希尔曼（James Hillman）最近写了一本颠覆性的书，名为《心理治疗发展100年，世界却变得更糟了》(*We've Had a Hundred Years of Psychotherapy and the World Is Getting Worse*)，他在书中对长期以来的意识斗争提出了批评。他的观点是有道理的，但我认为群体行动不可能比个体意识斗争更有效。怀着善意的男性或许会创造出官僚甚至酷刑来折磨他人，散布可怕的黑暗。1937年，荣格在耶鲁大学开设讲座时，提出了一个至关重要的观点：新时代的男性必须要能有意识地承担阴影的重担。这是因为：

> 这样的男人知道，世界上一切的错误都源于他自身，即便他只学会了如何处置自己的阴影，他也为这个世界做了一些真实的事情，至少为我们这个时代庞大的社会问题做出了微不足道的贡献。而这些问题之所以困难，是因为在很大程度上它们受到了相互投射的毒害。如果一个人都看不见自己，也看不见他在无意识行为中携带的黑暗，他又怎能看清真相呢？[1]

在接下来的章节中，我希望各位男性尝试去体会内在斗争

---

1 荣格，《心理学与宗教》("Psychology and Religion")，《心理学与宗教》(*Psychology and Religion*)，《荣格文集》第11卷，第140段。

的力量。我们会把自我未知的部分投射到周围的环境中，因此社会环境就是我们每个人无意识投射的聚合体。通过分享个别男性的梦想和困境，你们会发现其实我们每个人都受到相同问题的影响。我们对自己与女性内在关系的理解越充分，就越有利于解开与女性实际关系的纠葛。一旦理解了情感伤害的必然性，我们就可以在不成为怪物的情况下，承受这个世界可怕的病态。通过承认对部落父辈深切的渴望，我们也可以更好地扮演自己作为父亲的角色。

角色与期望，即萨图尔的阴影，沉重地压在我们所有人身上。我们可以继续责备"他们"——那些神秘地创造并制度化所有这一切的人——但这不会带来任何改变。即使男性运动正在兴起，我们也不能只是一味地等待"外在"事物发生改变；我们必须改变自己。一切改变都始于内在，但我们男性常常难以内化自我的体验。所以这项任务很艰巨，但与永远生活在萨图的阴影之下相比，这一定是更好的选择。

第二章
CHAPTER 2

龙之恐惧：内在与外在的女性

希腊人将爱神厄洛斯（Eros）视为众神之神、万物之初，最古老而又最年轻的存在，永恒常在。压抑的厄洛斯会变得愤怒，从而引发巨大的暴力。厄洛斯是与众不同的，他创造了大教堂，谱写了交响乐。将这位神的作用局限于性欲，未免过于狭隘。当然，他仍然是爱神，但我们受到的是比性更深刻，比爱更久远，比心上人更神秘的力量驱动。

最能体现布莱克（Blake）所说的"欲望的模样"[1]的地方，莫过于诗人身上了。也许没有哪位现代诗人比赖纳·马里亚·里克尔（Rainer Maria Rilke）能让我们更深入地理解这点了。在他的第三首《杜伊诺哀歌》（Duino Elegy）中，里克尔捕捉到了潜伏于男性内心的黑暗存在，对比了对心上人的歌颂与"那隐秘有罪的血之河神"：

> 他何等沉醉——
> 他爱，爱他的内心，他内心的荒原，
> 他体内这片原始森林，他嫩绿的心
> 长在这哑寂的朽环之上。他爱。

1　玛格丽特·弗格森 (Margaret Ferguson)，乔恩·斯塔沃西 (Jon Stallworthy)，玛丽·乔·索尔特 (Mary Jo Salte)，《一个问题的答案》（"A Question Answered"），《诺顿诗集》（*The Norton Anthology of Poetry*），第 508 页。

> 告别他的心，脱离自己的根，
>
> 他进入强大的本原，他小小的诞生
>
> 早已在此度过。怀着爱，他走下去，
>
> 进入更古老的血，进入深谷，谷里卧着
>
> 可怕之物，依然餍足于先辈。
>
> 每个恐怖物都认识他，眨着眼睛，
>
> 好像知道他会来。是的，怪物在微笑……
>
> 你很少笑得这样温柔，母亲。
>
> 他怎能不爱它，当它向他微笑。
>
> 他爱它在你之前，因为你怀他的时候，
>
> 它已经溶入托护胎儿的羊水。
>
> 看吧，我们爱，不是像花儿一样，
>
> 发自唯一的一年；当我们爱的时候，
>
> 太古的汁液升上我们的胳臂。[1]

　　这名男子看到了心上人，但仅是她的容貌就能引发如此深刻的震撼吗？在她背后，站着他亲切的母亲，使那"每晚可怕的房间"变得不足为惧。然而，即使母亲也只是个媒介，调解着更深层的存在。他感受到"内在的荒野""内心的丛林"。在那里，

1　译文引自《杜伊诺哀歌》，重庆大学出版社，林克译。

他知道"可怕的东西就在那里"，等待着并向他微笑着。

这种原始的邂逅永恒地留在了男性的灵魂之中，充满了恐惧与柔情。当我们爱的时候，不朽的激情在血液中翻腾，挚爱之人唤醒了所有这些恐惧和欲望，但她却不是唯一的载体。

里克尔凭借直觉领悟到了荣格所描述的东西，即生命同时发生于三个层面：意识、个人无意识和原型 / 集体无意识。我们赋予意识状态巨大的意义，也许是因为意识来之不易，并且构成了已知领域。但自我，即意识的核心，像一张薄薄的饼漂浮在汪洋大海之上。当我们睡着了或是被无法控制的情结困扰时，我们便本能且习惯性地感知到这一点。但我们很少给予内在充分的重视，也许是认为无知即无害。再重申一次：未知事物正在控制着我们。

自我意识之下，存在着个人无意识，包括我们出生以来发生的所有事情的总和。我们可能不记得它们，但它们记得我们，这就是个人情结所在。再次强调，情结是一种充满情感的经历，其力量取决于原始情感负荷的大小，如创伤；或取决于其影响持续的时间，如一段关系。在生活的所有经历中，通常我们拥有的最重要的情结就是母亲情结。当然，其他经历和关系也会产生影响，但母亲情结对心理的作用往往是决定性的。

母亲是我们生命的来源，我们曾与她共享血液，漂浮在她的羊水中，并与她的神经产生共鸣。即使分开后，我们仍下意识地渴望与她重新连接。从某种程度上说，之后生活中的每种行为都是爱神厄洛斯在作祟，企图通过其他的欲望对象或升华或通过对宇宙本身的投射来寻求重新连接（"宗教"这个词来自拉丁文"religare"，意为"回到或重新连接"）。此外，母亲还是个保护者、养育者及脆弱孩童与更大世界之间的主要调解者（如里克尔所说，她调和了孩子想象中的黑暗与恐惧）。她是屹立于我们上方、围绕着我们，并介于我们与世界之间的最原始的存在。因此，她的重要性还需要证明吗？

母亲具象化地展示了生命的原型，尽管父亲贡献了染色体遗传基因，但母亲是起源之地、分娩中心以及我们世界的中心。我们被委托给了一个脆弱的载体——一个女人，现象学上将此称为生命的奥秘，并且在母亲与孩子的特定关系中，体现着我们与生命力关系的各种信息。母亲子宫中的生物化学条件，她对孩子的照料方式，对其人格的肯定或否定，都是男孩们对于自身存在所获得的最初信息。

正如人类生命诞生于原始的海洋，我们也诞生于脐带水中。我们与这些起源的关系，我们如何理解自己，以及我们在宇宙中的位置，最初都是通过母子关系来构建的。我们不仅与母亲共度了大部分早期和人格形成期的岁月——如果父亲很少或者根本不曾参与，这部分时间则会更多——同时，母亲的角色也被教师和其他照料者复制，因为在我们的文化中，这些职业仍然以女性为主。因此，男性对自我和生命含义的理解，主要来源于女性。

这就是男性隐藏的第三大秘密，即在男性心理世界中，女性的力量是巨大的。

母亲是人生命原型的承载者，因此我们既有集体的体验，也有独特的个人信息。母亲情结，即充满感情的母亲观念，存在于我们所有人之中，这是一种对温暖、连接和滋养的渴望。当一个人最初的生命体验满足了这些需求，或在很大程度上满足了，他便会找到生命的归属感，因为有一个地方会滋养和保护他。而当来自女性最初的体验是有条件的或是痛苦的，这个人通常会感到虚无，无法与这个世界连接。这种创伤本体论存在于身体中，负累灵魂，并常常被投射到整个世界。一个人的整体世界观往往基于这种大部分潜意识的、从现象学角度"解读"的世界。

我想起了一个接受分析治疗的女性病人的例子。辛西娅（Cynthia）出生于战争初期的德国。她的亲生母亲是一位极具天赋且敏感的艺术家，她在女儿两岁时就自杀了。辛西娅的亲生父亲服役于德国国防军，并在北非被俘。摆脱囚禁回来后，他觉得自己没有抚养孩子的能力，于是便把女儿交给了他妻子的姐姐；一年后他在一次骑行事故中去世。

这位姨母只是勉强地接受了妹妹的孩子，却从未与她建立深厚的关系。小时候，尽管辛西娅的家庭属于中上阶层，她还是偷过商店的巧克力和玩具。等到青春期时，辛西娅患上了严重的厌食症，整个青春期辗转于各个诊所和医院。我遇到她时，她三十多岁了，饮食失调问题仍然存在，但已不再危及生命。现在，她是一名暴食症患者，沉迷于巧克力，且每周大约呕吐两次。她平时在家教授外语，这样就可以控制自己的环境；辛西娅只有过几次短暂的、转瞬即逝的恋爱关系。

治疗开始约 10 个月后，辛西娅做了一个梦，梦见一个女巫进入了她的公寓，偷走了她手中的玩偶，然后沿街逃跑了。在梦中，她感到极度焦虑，并一路追赶。当她追上女巫时，她试图买回那个玩偶，但女巫拒绝了。辛西娅恳求她，但女巫说，如果辛西娅能完成三项任务，她就会归还玩偶：①与一个胖男人做爱；②在苏黎世大学公开演讲；③回到海德堡，与她的姨母共进晚餐。这场梦最终以辛西娅的悲伤作结，因为她必须承认，即使她知道完成这些任务就能重新拿回玩偶，但这些任务也超出了她的能力范围。同时在意识层面上，她也被这些任务吓倒了。

这个梦是一个非常有力的例子，同时向我们展示了三个层面上的"母亲"。失去亲生母亲、失去本该养育和保护她的父亲，以及体验了一个最矛盾的替代母亲，这些经历都在个人和原生层面上给辛西娅带来了创伤。女巫是母亲负面形象常见的象征，正是生活中的这些经历偷走了辛西娅内在的童真，也就是她的"玩偶"。因此，她开始对抗生活、对抗风险以及对抗承诺，以此来保护自己。厌食症及后来的暴食症，都是辛西娅的焦虑在食物上的投射。

女巫之所以以这样的形象出现，是因为她代表了辛西娅生活中的那些糟糕的体验，而她设下的三项任务则象征了辛西娅生活中被禁锢却渴望解放的部分。她并不是真的要与一个胖男人做爱，而是要克服她与自己身体的疏远，毕竟身体承载了我们最原始的自然属性；而公开演讲是为了克服与他人接触的恐惧；她要与创伤的象征代表——姨母见面，其见面场景就是一顿饭，在那里，物质与关于"母亲"的创伤也许能得到疗愈。

这样的梦象征着心灵努力自我疗愈的过程。孩子出生时都是完整的，但随后被生活伤害，每次伤害都割裂了某种自然的真理，并产生相应的生存策略。这种割裂和随之而来的反应，我们通俗地称之为神经症，即我们每个人都在经历的灵魂与社会之间的割裂。再次强调，尽管这是一个女人的梦，但它很好地说明了三个存在层面的参与，并保留了与母亲世界初次碰撞的痕迹。

在意识层面，辛西娅过着一种自我保护的生活；在个人无意识的层面，她的饮食失调是对食物矛盾心理的象征表达，是母亲创伤对物质的投射（物质的英文是"matter"，而母亲"mother"来源于拉丁语"mater"）；而在原型层面，由于与他者最初的接触是消极的，因此辛西娅选择了疏远自己及他人。这几种策略的组合最终构成了她的性格，也充分证明了与他者，即母亲初次接触体验的巨大重要性，无论是好是坏，母亲都在其中起到了调解的作用。可悲却又不可避免的是，与他者最原始的关系成为孩子心目中的典范，他们会根据命运所提供的数据来定义自己和世界。当体验到比辛西娅更连贯的抚育关系时，孩子会更加扎根于自己的现实世界，并更加信任周围的世界。正如弗洛伊德曾经观察到的，得到足够母爱的孩子会觉得自己无所不能。[1]

但，话又说回来，母亲的全身心奉献也可能是一个诅咒。许多女性试图通过儿子来体验自己未曾活出的人生。这就是许多"我儿子将来可是医生"笑话的来源。公正地说，这些女性的

---

[1]　欧内斯特·琼斯（Ernest Jones），《西格蒙德·弗洛伊德的生活与工作》（ The Life and Work of Sigmund Freud），第 1 卷，第 8 页。

男性意象（animus）——与魄力、能力和变革有关的内在的男性特质——常常因文化性别而受到限制，因此她们试图通过儿子来间接实现自己的力量。全心奉献的母亲能够给予男性一个富足的内心，这种力量可以帮助他们达到自己可能永远都达不到的高度。[1]

荣格认为，对于一个孩子来说，最大的负担可能是父母未曾活出的人生。因此，母亲潜在的男性意象往往悄无声息地，在无意识中驱使男人去取得成就。即使是那些健壮的防守球员，当转播镜头对准他们时，也会大喊"嗨，妈妈！"。男人受到强大的母亲的驱动，这件事本身并没有错。然而，我们必须提出疑问，如果男性始终背负着父母的期望，他又如何过属于他自己的生活呢？如果男性要追求解放，他们至少得先弄明白自己所奉行的价值观。

在这样盲目的野心背后，男性常常被母亲情结的"黑暗"力量驱使。通常那些没有活出自我、没能充分发展自己男性意象的女性，会试图保持对儿子的心理统治。接下来我们来看两个极端但真实的例子。

1　详情请参阅梅赛德斯·马洛尼（Mercedes Maloney）和安妮·马洛尼（Anne Maloney）的《推动摇篮的手》（*The Hand That Rocks the Cradle*），该研究追踪了母亲在许多名人生活中所扮演的角色。

　　我有位大学前同事从未结过婚，在他五十多岁时，他把母亲接到家中一同居住，他的母亲来自"旧世界"。随着年纪越来越大，他母亲变得越来越糊涂，时常独自在校园里游荡。有两次，她把胳膊挡在走廊的门上，堵住了入口。当被问及为什么这么做时，她回答说："我是为了阻止那些女孩靠近我可怜的萨米（Sammy）。"她的计划完美达成了，因为她儿子直到她去世后的几个月里，才有了第一段婚姻。母亲情结的束缚如此之大，以至于一个杰出的学者和教师在被命运解救之前，都无法释放自己的心灵。

　　另一个男人，他的婚姻正遭遇极大的危机，最终他鼓起勇气要求母亲不要插手，让他能够在不受干扰的情况下处理自己与妻子的关系。他给我看了母亲给他回复的小纸条：

亲爱的儿子：

　　你永远不会知道你使母亲的心碎成什么样子了。或许有十个男人可能成为你的父亲，但你只会有一个母亲。我在这世上的时间不会太久了，但我希望死前我的儿子能够回到我的身边。

　　　　　　　　　　　　　　　　　　　　爱你的母亲

如果未来有一天，世界上有母亲名人堂，这封信应该会被收入其中。它触及了所有的敏感点：毁掉她男性意象投射的罪恶感；对孩子父亲的贬低；以及暗示儿子有照顾她的责任。面对这堂而皇之的蛮横和操纵，撇开其中的可笑与愤怒，这个男人更感到窒息。"我该怎么回信呢？"他问道。他的心理完全受到了母亲的影响，以至于根本看不透她；他只能被动地忍受。他连自己的权力都无法守护，又如何守护婚姻中的另一半呢？母亲的纸条和他们之间的关系，不是爱而是权力。又回到了荣格所说的，当权力存在时，爱就不存在了。

同样，我在治疗中见过许多男性患者，他们对母爱的需求如此强烈，以至于他们注定会对自己的妻子感到不满。显然，没有哪个女性会想要成为她们丈夫的母亲，但许多男人会在他们的妻子身上寻求母亲正向的、无条件的接纳和滋养。实际上，我见过许多男性出于种种原因被困在令人讨厌的婚姻中，但他们却无法面对离开的想法。如同孩子离家一般，离开似乎意味着所有未知的恐惧。尤其是性，它充满了婴儿般对身体接触和滋养的需求。当女人厌倦了照顾这些小男孩时，男人就会发现自己越来越难离开这个家，因为既没有父亲，也没有长者来指引他们成长的道路。

当男性受到母亲情结的束缚时，他们很容易将那种力量与生活中的外在女性混淆。因此，他们时常在亲密关系中示弱，使其伴侣承担母亲的角色，无意识地要求她"养育"自己，他们害怕却又压迫女性，仿佛只要控制了她们，他们就能掌控自己内心的恐惧。历史上，男人对女人的压迫就是最可悲的证明。人们总是倾向于去压迫自己所害怕的东西。对女性和同性恋者的压迫，皆出于恐惧，后者的情况尤其发生在那些心理缺乏安全感的年轻男子身上。克林顿总统在提议结束美军对同性恋者的禁令时所遭遇的抵抗，不是因为已经没有同性恋者会勇敢且光荣地参军了，也不是因为关于性骚扰的规定尚未成形，而是因为这群硬汉对自己内心女性的一面感到恐惧。

大男子主义往往与男性的恐惧呈正比，而一群恐惧的男性聚集在一起，便滋生了暴力，同时也是默认了女性在他们生活中的分量。在当代社会，大男子主义仍然普遍存在，军队就是最好的例子。为了杀戮，一个男人必须压抑心中一切的关系原则，他实在无暇顾及疑虑或情感原则。在他恐惧的内心中，他知道希腊人早就明示过，最终战神阿瑞斯（Ares）不是爱神阿佛洛狄忒（Aphrodite）的对手。但他仍然会与女性的力量抗争，因为可悲的是，他还没有学会如何做一个男人，如何与内心女性的一面和谐共处。他们只能意识到内心部分恐惧，因此其余就被投射到对女性及同性恋者的压迫上。面对不合理的恐惧，大男子主义者与企图将所有女性都视为母亲的男性一样，内心仍然是个小男孩。这两类人都在无意识中屈服于母亲的力量，从而忽视了他们自己内心同样强大的力量。

实际上，女性力量对男性造成的最大的悲剧，是男性内心的恐惧使他们下意识地疏远了自己内在的女性意象阿尼玛（anima）[1]，远离了与生命力、情感和关系相关的原则。这种对自我的疏远也迫使他们与其他男人保持距离。因此，男人之间唯一的联系通常只聚焦于外部事件，如对体育和政治等话题的浅显讨论。

最近，我在一家社区理发店里理发。突然有个男人大步走进来，然后大声说道："我妻子刚刚居然说我应该去看心理专家，这简直是世界上最愚蠢的事情了！"周围一片安静，没有人回应他。他以为大家没听到，所以又重复了一遍，但还是没有人搭理他。在过去，也许他确实应该得到大家肯定的回应，认同这确实是有史以来最愚蠢的事情。除了下意识往椅背靠了靠，我猜其他人可能和我想的一样："兄弟，你老婆说的没错。"类似这样的场景成千上万，回顾这一场景似乎相当有趣，但我相信，在那个男人试图从男性群体中寻求安慰的背后，隐藏着他深深

1　阿尼玛代表了男性无意识中的女性特质。这些特质可以包括情感、创造性、直觉等。——译者注

的恐惧。[1]

荣格派心理学家盖伊·科莫（Guy Corneau）指出，男性也会疏远自己的身体，因为他们将自己的身体现实与早期和母亲的原始接触联系在一起。[2] 由于很少被父亲抱在怀里，男性倾向于将物质与母亲联系起来，并与自己的身体割裂开来。也正因为如此，男性看医生的频率只有女性的四分之一，这可能也是男性寿命比女性短的原因之一。男性常常强迫自己频繁地从事体力或脑力劳动，这种不顾身体的现象确实存在，但这样做其实具有极大风险。我们很容易将责任归咎于外部条件，但实际上自我疏远也脱不了干系，因为我们对母亲和物质之间的关系充满了矛盾，这种矛盾感深入骨髓。

古希腊神话中射手菲罗克忒忒斯（Philoctetes）的故事很好地说明了现代男性的困境。他的故事来源于公元前 409 年索福克勒斯（Sophocles）的一部希腊悲剧。将英雄赫拉克勒斯（Heracles）妥善安葬后，作为回报，菲罗克忒忒斯获得了一把神奇的弓，这把弓射出的毒箭从不失准。在前往特洛伊平原的

1　当我在超级碗星期天（Super Bowl Sunday）写下这些句子时，我想起在报纸上读到的，今天是男人殴打妻子最普遍的一天。如果这一指控属实，这是非常可耻的，同时也说明了男人在这个最具男子气概的日子里对女人的恐惧。

2　盖伊·科莫，《缺席的父亲，失去的儿子》（*Absent Fathers, Lost Sons*），第 23 页。

途中，菲罗克忒忒斯被水蛇咬伤，伤口无法愈合。最后，他的船友们再也无法忍受伤口渗出的恶臭和他痛苦的呻吟，于是将他遗弃在一个岛上近10年，而特洛伊的血战还在继续。后来，有预言称如果没有这位受伤神射手的帮助，他们便无法占领这座传奇之城。得知这一消息后，希腊人派出了一个使者来劝说菲罗克忒忒斯回到他们的队伍中。菲罗克忒忒斯感受到了背叛，便拒绝了他们的请求。他希望回到自己的洞穴，忍受痛苦和孤独，直到死亡降临。代表集体智慧的众歌者劝说他重新考虑，希望他选择英勇参战而不是自私地放弃，但他坚持拒绝。最后，他看到了赫拉克勒斯的幻象，催促他重返战场，他方才答应，杀死了帕里斯（Paris），对占领特洛伊城堡起到了关键作用。

索福克勒斯的剧作常被解读为放大了个体与社会要求之间的冲突。尽管菲罗克忒忒斯确实有理由责怪同伴的背叛，但他的反应本质上是自恋。如果我们能意识到这一点，我们便会有更深刻的理解。当一个人的核心自我受到伤害时，就会产生自恋，其结果就是这个人往往只能从整体出发看待世界。这样的人是"以伤害为中心"。例如，与特洛伊人或希腊同伴的战争相比，菲罗克忒忒斯所面对更多的是与他自己进取与退缩的冲动之间的战争。在他与社会及其要求达成和解之前，他必须先与自己的愤怒，以及内心深处想要回到孤独、痛苦和自怜中的强烈欲望达成和解。赫拉克勒斯的幻象实际上是他自己内心英勇的投射。只有充分融入生活，而不是退缩，他的伤口才能治愈。而他想要躲藏的洞穴实际上是他的母亲情结，那是一个温暖而湿润的地方，可以驱散黑暗，充满关怀。

在神话、宗教传统和文化模式中，我们看到了原型力量的流动，并从中辨识出了人类永恒不变之处。我们为这种认同感到震撼，为自己的渺小感到谦卑，或为受到命运的召唤而感到荣光，毕竟是我们塑造了以及正在塑造世界伟大的历史。神话故事向我们直观地展示了古人是如何察觉人类困境的。弗洛伊德和荣格这两位现代深度心理学之父屡次提及神话，显然并非偶然，而是为了学习和描述那些通过个人行为塑造历史的无形力量。

例如，蛇的意象具有丰富的矛盾意味。蛇与自然的奥秘、与伟大的母亲皆有关联，因为它的整个生命长度都与万物的源头——大地有关。因此，蛇体现了生与死之间伟大循环的奥秘。一方面，作为深林居客，它退避三舍；另一方面，它蜕去自己的皮肤，知晓疗愈重生的秘密。在伊皮达鲁斯（Epidaurus）的阿斯克勒庇厄（Asclepius）圣地，寻求治愈的朝圣者会沐浴温泉，这象征着回归母亲的子宫，并等待梦境或来自下界的蛇的咬伤。这样的朝圣有助于将身体和灵魂重新与伟大的母亲联系起来。

因此，蛇的咬伤象征了母亲的双重意义，这个原型的力量既赋予生命，又试图夺回生命。

一个男人的生命在退后与前进、毁灭与独活之间的微妙边缘摇摆不定。他从内心渴望伴随出生而来的心理压力能够就此停止，但他遗传基因里的所有冲动都是为了实现他的潜能，无论是作为一个个体，还是作为社会文化的一部分。

劳伦斯（D.H. Lawrence）在一首题为《蛇》[1] 的诗中很好地捕捉了这种张力。诗中的讲述者在西西里（Sicily）的一口井边，遇到了一条正在晒太阳的蛇。他沉醉于与这个"他者"（Other）的相遇，但：

> 我所受的教育发出声音，对我说：
>
> 必须处死他……
>
> 我身上的声音说，假若你是个男子汉，
>
> 你就该抓起棍棒，把他打断，把他打死。

一边是他对自然存在的敬仰，一边是不断催促他的声音"假若你不害怕，你就得把他处死"，他陷入了挣扎。恐惧和敬仰在他的灵魂中交战。然后那条蛇缓慢、故意地开始向下滑回

1　译文引自《世界名诗欣赏：大学生通识教育》，浙江大学出版社，吴笛译。

"秘密大地的黑暗之门"。对于"故意进入黑暗"这一想法，诗人充满了恐惧。在那一刻，他朝蛇扔了一根木头，以打破紧张局面。但他立即就对自己的冲动感到懊悔："多么粗暴，多么卑鄙的行为啊！"他对自己的判断极其严苛：

> 于是，我失去了一次与人生的君主交往的机会。
>
> 我必将受到惩罚，
>
> 因为自己的卑劣。

于是，男性对地下世界产生了矛盾心理。他们既着迷又害怕，他们觉察到，那里有一切的起源和疗愈，但也有毁灭。因此他们扔出了恐惧的木头，放弃了友好邦交的机会。

当我还是个孩子的时候，曾经在西部冒险的祖父告诉我，他的肚脐眼是印第安人的箭射穿后留下的伤疤。尽管我很困惑为什么我也有类似的伤口，但我还是完完全全地相信了他。直觉告诉我，他说得对。这是世界上所有人都有的伤口，它缠绕着所有的神经，是我们所有人身上都带有的断裂与分离的痕迹。这样的创伤迫使我们与生命的源头分离，不可逆转且无所不在，同时还带来孤独和长时间的痛苦。当男性感受到创伤无法治愈时，他们要么深埋在女人怀里，寻求她根本无法提供的治愈，要么把自己隐藏在大男子主义的自负与孤独中。在菲罗克忒忒斯的故事中，众歌者曾向他解释这种创伤的普遍性，并告诉他，他仍然要生活下去，但他却把自己包裹在痛苦和自怜之中，最终只能通过赫拉克勒斯的幻象催促他重返战场，这就是英雄的原型。

我们所有人都有英雄原型，它是一种内在力量，能够激发生命能量，击败绝望和沮丧。唤醒这一原型与外部行为无关；而当一个人鼓起勇气面对恐惧、痛苦和母亲的温暖诱惑时，它便会显现。我们可以钦佩英雄的壮举，但我们永远不应崇拜英雄。心灵不断激励我们实现自我，这就是一个等待我们回应的英雄任务。

所有民族起源之初，都会有这样一个事件或是神话起源，所有的一切皆源于此。在个人的生命中，这个事件就是与母体联系的断裂。同样，每个民族都有其堕落的传说，在还未意识到时就与天堂失去了连接。也许这种种族记忆只是出生时分离创伤的神经发育痕迹，但从这种分离中产生了双重体验。

于是，意识的螺旋开始旋转，这是一个基于主体和客体的体验而不断发展的过程，并进一步加剧了远离母体连接的痛苦。部落或个人意识文化的发展，带来了文明的果实，但也意味着我们距离伟大的母亲越来越远。

　　我们每天都站在刀刃上，清醒地承受这个世界的创伤。躲回山洞里或是沉浸在某个舒适的怀抱中，是多么强烈的诱惑啊。每天早上，恐惧和倦怠的狰狞小鬼都会卷土重来，不管我们昨天多么勇敢地向前，他们今天都会追上来，他们绝不满足于啃食我们的脚趾，如果我们放任不管，他们就会吞噬我们的灵魂。因此，我们寻求各式各样的方法来避免认知上进一步的痛苦。许多人在思想、情感和行动上都保持婴儿的状态；有些人则借助毒品和酒精来麻痹自己；还有些人倾向于从意识形态、简单主义、宗教或社会政治视角出发，为复杂的问题提供黑与白的答案，从而免于两极对立的斗争。

　　与此同时，生命的力量在每一种文化和每一个个体中涌动。这股强大的力量寻求的是向前的连接，而非向后，因此就需要激活社会乃至个体中的英雄原型。引导男人跨越倦怠与前进的交会点，这曾经是伟大的宗教和启蒙仪式的任务，但现如今，大多数男人必须靠自己找到这条道路。社会仍然期望他们来迎接这个挑战，因为如果男性不够成熟，那么这个社会注定无法繁荣。

　　有时候，深知自己无法重返母亲胎中，男性会将这种渴望投射到宇宙中。浪漫主义文化就非常倾向于这种"对永恒的向往"。例如，在埃姆佩多克勒斯（Empedocles）跳入了埃特纳

（Etna）火山的神话中，我们就能感受到这一点；还有卡斯帕·大卫·弗里德里希（Kaspar David Friedrich）的画作《雾中遥望者》；塔纳托斯（Thanatos）对湮灭的渴望，总是与生命力相对立。从历史上看，神秘主义者试图描述这种难以形容的东西，他们通常有两个共通的特点：神秘体验本质上是无法描述的；所有事物均合而为一。

但更常见的是，男性通过亲密关系来寻求与宇宙、原始来源的重新连接。前面我们曾提到男性对女性的体验可以分为三个层面：他遇到另一个男性内心的女性意象，开展一段同性恋；他遇到他自己内心的女性意象；他在与原型世界、与自然、与其本能、与生命的力量交互的过程中的体验。

在任何关系中，一个男人很大程度上都受制于对自我的无知。其无知程度取决于他内在女性意象投射到另一个人身上的程度。由于投射本质上是一种将无意识的内容转化为外部现象的动态过程，因此男人总是陷入对自己无意识内容的爱恋或恐惧之中。

前文我们提到，通常母亲是我们女性体验的主要媒介。本章开篇所引用的里克尔的第三首《杜伊诺哀歌》体现的便是这个事实。而另一位诗人斯蒂芬·邓恩（Stephen Dunn）曾提到他的母亲如何在他的请求下，向他展示了她的胸部。她温柔、端庄且充满了对儿子的爱意，这极大地纾解了他的好奇心和恐惧，邓恩由此写道："我想是这段经历让我 / 轻易地爱上了女人。"[1]

　　然而，其他男人早期与母亲相处的过程或许就没那么温柔，没那么令人安心了。创造"连环杀手"这个名词的作者曾指出，他们研究的几十名大规模杀人犯（其中只有一名女性）都经历过童年的创伤。他们的犯罪动机大多是由性所驱使的，无论他们是否真正实施了性行为。他们的恐惧和愤怒大多针对女性，因为他们觉得自己无法与其建立温暖的联系。理查德·斯佩克（Richard Speck）就是一个典型的例子，当他强奸芝加哥护士时，发现自己无法维持勃起，于是便杀了她们。[2]

　　最近，一位正在接受精神治疗的患者说，有位同事试图开车撞她，还将他们的工作地点当成他的私人领地，阻止她进入。他们曾经约会并处于热恋之中，但当她试图进一步发展双方关系时，他的行为变得越来越粗鲁，然后逐渐转变为暴力。这种情况并不罕见，很多男性对女人充满了愤怒，且他们经常会发泄出来。在某些情况下，他们的愤怒是儿童受虐待的产物，并且很容易从因果关系上确定病因。但很多时候，这种愤怒是因

1　斯蒂芬·邓恩，《家中的日常事务》（"The Routine Things Around the House"），《不起舞》（*Not Dancing*），第 40 页。
2　罗伯特·雷斯勒和汤姆·夏希特曼（Robert Ressler and Tom Schactman），《FBI 心理分析术》（*Whoever Fights Monsters*），第 79–81 页。

为母亲参与过多而父亲参与不足，最终失衡。他们的愤怒显然是逐步累积的，是孩子的心灵受到侵犯时所产生的附带情绪。当这个脆弱的界限一再受到侵犯，无论是虐待孩子还是对其发展干涉过多，刚刚萌发的自我都会受到永久性损害，并可能发展成反社会人格。

反社会人格者无法与他人建立关爱关系。如果一个人对原始关系的体验是痛苦的，那么他会倾向于认为所有的关系都只能是痛苦的。因此，他的生活陷入了恶性循环，既害怕受制于他人，又试图反过来利用他人。许多女性曾试图改变这样的男人，最终却发现自己成了虐待的受害者。这类男性的人格本质是保护自己免受痛苦，因为他根本无法承受内心任何的痛苦，因此只能将其转移到其他人身上。可悲的是，这种历史遗留的痛苦只能成为他和他人之间短暂的缓冲。不管外在取得了什么成就，他本质上都是一个充满恐惧的人。他太害怕了，以至于他根本无法直视自己的痛苦，只能将他人视为痛苦的根源或延续。

我在这里无意责怪母亲（同样也不会责怪父亲），但必须承认的是，充满感性的女性意象在很大程度上受到母亲及孩子早期成长环境的影响。女性意象是所有男人身上一种原始的能量，其本质是一种体验与联系，而不是某种特定的知识。受与外在女性的关系和文化的影响（如圣母玛利亚文化），男性体内女性意象的显露取决于他与生活的关系，他内心的力量和他受情绪变化影响的程度。

我永远不会忘记那个被妻子拖进治疗室的男患者，他走进来坐下后，注意到了一盒纸巾，然后略带嘲讽地说："看来你的前一个患者是个女人。"事实上，他说得没错，但我不想承认他的观点。我对他说："男人也可以哭。"他回答道："但他们不必这样做，他们自有解决办法。"我反驳说："许多男人身上都背负着一座愤怒的大山和一汪眼泪的湖泊，如果他们不发泄出来，这会要了他们的命。"他又一次嘲讽地笑了，仿佛在说："你跟他们一样，都是个傻瓜。"当我问他害怕什么时，他只是说他觉得他必须控制他的妻子，因为她才是有问题的那一个。你们可能都猜到了，他的治疗并没有继续下去。

一般来说，一个男孩对母亲的体验可能"过多"，也可能"过少"。有关"过少"的例子，我想到了两个男人。

约瑟夫的生活主要围绕一个单一却非常重大的事件展开。在他八岁时，他的母亲就离开了这个家。当时他就站在家门口，看着母亲与一个陌生男子一起上了车，然后永远离开了他的生活。此后他再也没有见过母亲，他的父亲拒绝讨论任何与母亲有关的事情，且终日沉浸于酒精中来逃避自己的痛苦。约瑟夫成长的过程始终伴随这种被抛弃的感觉。尽管学业一般，但他至少能够养活自己，当他来找我时，他已是一家制造业小公司的经理。他是自己主动来接受治疗的，事实上，我是他的第三位治疗师了。两年前，他带着妻子第一次去接受治疗，目的是"为了让她明白"。结果并不尽如人意，因此他们去见了第二位治疗师，他坚持让这位治疗师催眠他的妻子"以了解真相"。尽管约瑟夫相信，他的妻子爱他和他们的两个孩子，但他脑海中始终有个想法挥之不去，即他的妻子只要有机会就有可能会出轨。

虽然治疗师在某种程度上会受到患者选择性传达的内容的影响（当然，婚内出轨并不少见），但约瑟夫所举的妻子通奸的例子，实在让人怀疑其发生的可能性。例如，有一年结婚纪念日，他们在大西洋城的赌场酒店订了一间房。他正在洗澡时，送餐服务到了。约瑟夫笃定他的妻子认识那个服务生，并在那几分钟内就与他眉目传情。他的证据是她"看起来很可疑"。约瑟夫还举了许多其他类似的例子，每一个看起来都有可能，但都需要丰富的想象力。应他的要求，我私下与他的妻子进行了面谈，她肯定了自己对婚姻的忠诚，并疑惑丈夫为何总是如此多疑。

约瑟夫的困境清晰地向我们展示了无形的、无意识的力量。

他曾目送她——他的母亲，看着她渐行渐远，单从这一创伤中，他得出了结论——女人不值得信赖。

人的心理通常就是这样运作的，类似的想法还有"我之前来过这里"。从理性的角度看，当前的情况与过去发生的事情或许无关，但情感上的联系仍然存在。约瑟夫的妻子成了那个掌握他幸福的女性。在他的心中，她既然能爱他，也就有可能对他不忠，与另一个男人远走高飞——就像他的母亲那样。他的母亲情结因此修饰了事实，得出了预期的、可怕的结论：这个女人也会离开他。

约瑟夫的心理活动就围绕对妻子的指控展开："那个曾经离开的——并将再次离开的女人。"尽管这对他的妻子极不公平，但他无法阻止脑海中的幻想，这与精神分析心理学中所谓的"反应形成"是一致的。与未知的模糊和紧张相比，与熟知的恶魔为伍或许是更好的选择。他的妻子明明在场，但记忆仍重复上演着同样悲伤、恐怖的场景——被遗弃。这种情结凌驾于理性思维之上，并构建了另一番现实。约瑟夫的伤痛太深，围绕其上的防御机制太多，以至于当他得不到妻子出轨的结论时，他放弃了治疗。

另一个男人名叫查尔斯（Charles），他很小的时候就失去了父亲。他的母亲因此抑郁，持续了数年，导致查尔斯最终感到自己遭受了双重抛弃。他后来与成年女性的关系基本遵循了"永恒少年"（puer aeternus）的模式，即还未脱离对母亲的需求、未成长的男性。[1] 他会将女性理想化，将她们置于高处，然后一旦确认了关系，他就会后退并保护自己。经历这一切的女性理所当然会感到困惑，有时甚至是愤怒地结束这段关系。查尔斯似乎完全无法理解她们的行为，因为他觉得她们应该理解他，毕竟他并没有做任何对不住她们的事情。

实际上，查尔斯所期望的理解他童年需求的那个人，是他的母亲。即使母亲也有自己的悲伤需要面对，她还是应该一如既往地抚养孩子，而不是让自己的孩子受到二次伤害。就像约瑟夫一样，查尔斯童年的伤口太深了，以至于成年后的他依然将错误归咎于外部，即其他女人身上。因此，他并没有认识到自己的心理对每段关系的影响，而是简单地企图通过治疗来优化他对女人的选择。他发现自己很难承认，所有这些错误的理想化、矛盾、拒绝和抛弃的心理模式都出自他的内心，然后被投射到他遇到的每一个女人身上。

显然，如果没有自省能力，一个人注定要生活在由投射所

1　详情参见玛丽·路易丝·冯·法兰兹（Marie-Louise von Franz）的《永恒少年：成人与童年的斗争》（*Puer Aeternus: A Psychological Study of the Adult Struggle with the Paradise of Childhood*）和达里尔·夏普（Daryl Sharp）的《秘密乌鸦：冲突与转型》（*The Secret Raven: Conflict and Transformation*）。

创造的世界里，不出意外，最终会发现自己的幻想和最大的恐惧都反射回来了。还是那句话，所有我们内心未曾拥有的东西，都会以投射到外部的方式呈现出来。

最后再举一个例子。斯蒂芬（Stephen）成长于一个移民家庭，为了能够早日成功移民美国，他的父母非常努力地经营着自己的商店，他们不仅面临新文化的严峻考验，同时还要应对20世纪30—40年代商业生存的困难。斯蒂芬在父母身边工作了很长时间，但从未感受到他们的呵护。他们一直在对抗生活的困难，所有人都是。而他，就像历史上的许多孩子一样，只是家庭生存网络的一部分，他个人的需求从未得到满足。

成年后，斯蒂芬结婚、再婚，并且有过外遇，但他从未感到满足。他的伤痛同样来自被抛弃感，他期望身边的每个女人都能弥补他悲惨童年的缺失。其中有一个情妇，斯蒂芬曾说他最喜欢的就是和她依偎在一起，躺在她的小腹上，当对方提出性要求时，他反而感到害怕。他描述的场景实际上就是圣母玛利亚怀抱孩子的场景——安全温暖，远离过去一切的艰难与困苦。

斯蒂芬在生活中对女人总是充满愤怒。他用金钱和威胁控制她们，并总觉得她们在利用他。同样，究其根本，还是因为"她"——母亲的缺失。斯蒂芬内心的自恋与空虚过于强大，没有任何女人能够填补，即使是他找到的最能依赖的、母亲般的其他人。因此，斯蒂芬的生活充满了悲剧，他就像一个长期缺乏呵护的孩子，拼命寻找一个伴侣，希望她能为他带来母亲般的呵护与滋养。与此同时，他变成了一个欺凌者，充满愤怒，要求服从。同样的悲剧一遍遍循环上演。无论男人是试图使其伴侣成为那个呵护他的存在——母亲，还是畏惧自己的需求，选择自我防御，所有这些方式都证明了母亲情结的力量。

描述男性内心女性意象的影响时，荣格引用了亨利·莱特·哈葛德（H. Rider Haggard）的小说《她》，在这部小说中，英雄遇到了"必须服从的她"。电视观众可以在 PBS 系列剧《巴里洛普律师》（*Rumpole of the Bailey*）中看到对此情节的喜剧化处理，其中脾气暴躁的老演员利奥·麦肯（Leo McKern）在法庭上击败了女王御用大律师后，听到妻子严厉地叫了声"巴里洛普！"他沮丧地嘟嚷了一句："必须服从的她来了。"

回顾男性内心的女性意象，请记住这是心理原型。也就是说，这是一种心理模式，它调解着男人与本能和生命力量的关系。对母亲的体验不可避免地会影响和决定一个男人与自己内心女性意象的关系，但大多时候都是儿时的经历主导了男人的心理。劳伦·彼得森（Loren Pederson）曾总结了男人的任务：

　　男人最大的发展任务之一是实现与亲生母亲的健康分离，他必须认识到母亲原型的重要性……与女儿不同，儿子与母亲缺乏身份的认同，尤其是当他从心理上要与母亲分离时。成年后，这种原始依恋／分离问题通常通过男人内心的女性意象表达出来。[1]

　　那些幻想自己妻子与其他人厮混的男人，那些对亲密伴侣表现出矛盾心理的男人，那些对未能给予他充分呵护的妻子大发雷霆的男人，那些在每个收费站或机场给妻子打电话的男人，那些控制着银行账户且口口声声说妻子不会理财的男人，那些眼睛到处乱瞟的男人，那些贬低女性和攻击同性恋的男人，那些不惜自我牺牲也要取悦伴侣的男人——所有这些人都还没有真正地离开"家"，他们仍依附于母子关系的体验中，与自己的灵魂脱节。

　　当我们发现父权制是一种文化产物，一种为了弥补无力感而被发明出来的东西时，我们就会意识到，与当下普遍的观点相反，男性往往才是更依赖他人的一方。像万宝路男人

1　劳伦·彼得森，《黑心：塑造男性生命无意识的力量》（ *Dark Hearts: The Unconscious Forces That Shape Men's Lives* ），第 74 页。

（Marlboro Man）[1]这样坚韧的个人主义者，是最容易受到内心女性意象影响的，因为他们极力否认它的存在。无论何时，当一个男人被迫扮演乖孩子，或相反，当他觉得自己必须成为坏孩子释放天性时，他们都是在弥补母亲情结所带来的无力感。

我并不是说男人的脆弱和依赖有什么错，这都是人之常情。但他应该意识到任何孩子内心深处都是渴望积极的母爱的，以及这种需求是如何在暗中影响他的心理活动的。他可能假装拥有成人的权力，掌握政权或财政大权，但压力的源头深深地扎根于他与母亲的关系中。男人必须理解并接受这一事实，然后承担这份责任，否则他们将永远重复婴儿时期的模式。

下面这张图改编自荣格对心理治疗过程的解释，其中包含转移和逆转移等过程，向我们展示了任何异性关系中可能发生的交流。[2]

---

1 万宝路男人（Marlboro Man）起初是为了推广万宝路香烟而被创造的广告形象，但随着时间的推移，现已成为美国文化中男子气概、坚韧和独立性的象征。——译者注

2 更全面的解读请参阅我的另一本作品《中年之路：人格的第二次成型》（浙江大学出版社），第63-65页，以及达里尔·夏普（Daryl Sharp）的《生存指南：中年危机剖析》（*The Survival Papers: Anatomy of a Midlife Crisis*）第70页及以后的内容。关于荣格原稿及"堂兄妹婚姻"的图表，请参阅《移情心理学》（"The Psychology of the Transference"），《心理治疗实践》(*The Practice of Psychotherapy*)，《荣格文集》第16卷，第422段。

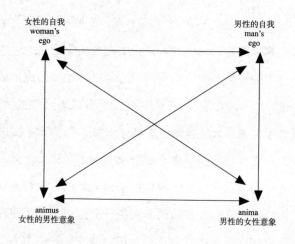

女性的自我
woman's
ego

男性的自我
man's
ego

animus
女性的男性意象

anima
男性的女性意象

　　虽然图中这些关系有可能会在意识层面上展现出来，但如纵轴所示，每个人都会受到自己无意识内容的影响。当某个人暂时符合了自己内心理想伴侣的形象时，爱情便由此产生；而当对方很少甚至从未达到这种期望时，爱情便消失了。男人与任何心爱之人的关系永远都不可能超越他与自己内心女性意象的关系，因为他的内在会无意识地破坏他与对方的关系，就像对方反过来也对他有所投射一样。

　　虽然男性内心任何的女性意象都有其根源，但本质上还是通过母亲，其次是男性生活中的其他女性，以及他周围的文化形象来体现的。因此，斯蒂芬对他的妻子大发雷霆，只因她没有给予他母亲般的呵护，尽管在意识层面他并不认为自己是如此依赖女人的。而乔治则通过对妻子的关心，将自己塑造成完美丈夫，但在内心深处，他仍然在服务那个"她"，渴望赢得"她"的欢心，成为"她"的好孩子。

对于男人来说，如果他们没有意识到这些女性意象出自他们的内心，他们就会在其他女人身上去寻找、逃避、压迫心里那个"她"，要求"她"在他们的地狱世界中扮演比阿特丽斯（Beatrice）[1]，通过工作或药物麻醉"她"所带来的痛苦。他们都忽略了一个事实，即"她"出现在他们的梦中，在他们的灵魂里，在他们与其他男人相处时，在与女性建立友情时，在艺术、音乐和运动中，以及在他们的幻想和短暂的疯狂中。母子关系是一切的源头，影响着男性对自己、对生活和对其他人的所有感觉，否认这一点的男性大都生活在深深的无知中。当然，他对自我的无知将被投射到他人身上。甚至他最深层的性欲也是由这种投射所驱动的。只要与"她"再次连接，无论多么短暂，对他而言，都是回家。

大多数男人认为他们的工作生活就是日复一日的折磨，没有任何额外的福利、没有车、没有晋升，甚至没有加薪能够抚平每天灵魂的伤痛。男人内心深处明白，他正在出卖自己的灵

1　比阿特丽斯，来源于但丁的作品《神曲》，为引导但丁进入天堂的完美女性，如今多被理解为男性所向往的理想女性的代表。——译者注

魂，且这种出卖没有任何薪水能够弥补。因此，他将自己的灵魂寄托于与其他女性，或是与另一个男人的女性意象的关系上，即便这种关系脆弱不堪。"照顾它、安慰它、带它回家，哪怕只是暂时。"然后，等待激情退却，他再次断开连接，孤身漂泊，任由世界的折磨摆布。

有个男人回忆说，每天早晨当他从睡梦中苏醒，面对新的一天时，他感觉自己仿佛回到了高中踢足球的时候，前锋就位，就在那一刻，在球迸发前，在经济生活的冲击和碰撞之前，他脑海里总是幻想着性。而另一个男人，由于长期缺乏母亲的呵护与心理支持，他对其内心的女性意象充满了上瘾般的渴望。他坚持要求妻子每天都与他做爱，直到最后妻子再也无法忍受，发起了反抗。他再次感受到了所有的伤害和拒绝，以及一种模糊的、即将死亡的感觉。"每次做爱，"他说，"我就感觉自己从死神那儿赎回了一天，如果不这样做，我就觉得死亡在逐渐逼近。"

对于这两个男人来说，性更多地起到了安慰和与母亲重新连接的作用，而不是亲密关系中的沟通交流体验。在某种意义上，这是他们的信仰。对于前者来说，痛苦仍在继续；他不断地幻想着与沿途的任何人发生性关系，以此来淡化他灵魂的伤痕。而对于后者，当他能够意识到自己实际上是在将妻子视为母亲的替身时，他便开始逐渐收回他的投射了。他的性行为变得不那么强迫，更加放松，不那么注重表现，他们的亲密关系也重回温柔。他意识到是因为自己无意识中的焦虑过于迫切，妻子才会疏离自己，而当他能够承认并接纳内心孩童的痛苦和迫切渴望融合的冲动时，他们的关系便恢复了正常。

除非一个男人能够认识到自己的依赖性，也就是内心孩子般的依赖，否则他要么会在与母亲替代者的不健康关系中挣扎，要么会因其伴侣达不到他的要求而感到愤怒。对于在伴侣身上寻找母亲的影子这一事实，大多数男人会因为羞愧而不敢承认，但如果他们不能将与母亲的童年关系与当前的亲密关系分开，他们就只能让老掉牙的历史剧本重新上演。

荣格非常精准地描述了男人灵魂中所上演的这出大型的、神话般的戏剧。为了成为一个有意识的、成熟的存在，他必须与自身的母亲情结进行强烈的斗争，并意识到这场斗争是一场内在的战斗。否则，他肯定会将其投射到外在的女性身上，要么屈服于她们的指引，要么试图支配她们——这都是母亲情结力量的证明。在任何一种情况下，他都会意识到最深层的恐惧与渴望——在母爱中毁灭。

荣格写道，对毁灭的恐惧和渴望，是一种强大的、具有人格化的"倒退"（spirit of regression）：

　　（它）威胁着我们，使我们受母亲的束缚，并在无意识中溶解与消失。对于英雄来说，恐惧是一种挑战和任务，因为只有勇气才能将他们从恐惧中解脱出来。如果不愿承担风险，生命的意义就会在某种程度上消散，整个未来都会变得无望麻木，只有鬼火点亮的灰暗。[1]

　　男性无法过分强调这种对子宫的渴望的力量，有意识地去对抗它更是极度痛苦的。成年，意味着一个人需要承担对自己的生存和成长的责任，这是从灵魂深处争取来的普罗米修斯式的奖赏。男性可能会与母亲、与女性、与他们自己的女性意象分开，并认为自己是安全的。再想想吧。荣格继续写道：

　　　　他总是想象自己最大的敌人就在眼前，然而真正的敌人实则在他内心——一种对深渊的致命渴望，一种沉溺于自己的本源，深陷母亲怀抱的渴望……如果要生存，他必须战斗并牺牲他对过去的渴望，这样才能活出自我……生活要求年轻人牺牲他的童年和对生理父母的孩子般的依赖，以免其身体和灵魂都陷入无

1　荣格，《转化的象征》（*Symbols of Transformation*），《荣格文集》第 5 卷，第 551 段。

意识的乱伦的羁绊中。[1]

因此，我们可以理解为什么我们的祖先要组织如此强大的成年过渡仪式。他们非常清楚心理倒退的力量、对母亲的安全感和满足感的渴望。俄狄浦斯（Oedipus）的无意识乱伦、菲洛克忒忒斯对和平的渴望、浮士德（Faust）对母亲的迷恋——所有这些诱惑，男性都会归咎于女人，但其真正的起源在于男人对痛苦生活的恐惧和毁灭的诱惑力。

想要走出迷宫是有办法的。有些男人确实摆脱了与母亲的无意识羁绊，他们并非从母亲那里得到了自由，而是不再屈服于自己对休憩和庇护的渴望，从而解放了自己。但只有每天保持勇气和警觉，他们对自我的救赎才能持续下去，不再重蹈覆辙。

以下两个正在自我救赎的男性案例，可能有助于你们更好地理解这个过程。其中一名男性名叫劳伦斯（Lawrence），他的母亲是个极其以自我为中心的人，他的父亲顺从她，他的姐妹顺从她，包括劳伦斯也对她百依百顺。长大离开家后，他娶了一个有先天性疾病的女人，他也为她服务。他根本没有意识到，

1　荣格，《转化的象征》（*Symbols of Transformation*），《荣格文集》第5卷，第551段。

在选择这个人时，他正在维持他对母亲的依恋。到了中年，他患上了重度抑郁症。他离开了妻子，并带着愧疚之情接受了治疗。在因放弃救护者角色而产生的悔恨和犹豫不决中挣扎了近一年后，他做了以下的梦：

> 有个女人站在阳台上看着我，路边停着一辆黄色的跑车。
>
> 我跳进车里并把车开走了。然后，我来到一个湖边，并坐上了一艘船。我看到水下有个希腊神庙，那里有鳟鱼可以吃。然后，我到达了湖对岸，那里有一条蛇，它的嘴里叼着一只鸟。我抓起一把刀，迅速割掉了蛇头，救下了这只鸟。我被咬了一口，然后被割掉的蛇变成了一条可以吃的鱼。

对于梦中形象的联想，劳伦斯认为站在阳台上的女人是他的母亲，她的存在一直困扰着他。黄色跑车象征了他突然决定摆脱母亲的统治，感受自我决定的全部力量和冲动。当他穿越象征着无意识的湖水时，他感觉到那里蕴藏着巨大的财富：神庙意味着古老的智慧，而鱼象征着精神食粮。然而，离开了亲生母亲，到达湖对岸时，他发现母亲的原型意象正在等他。鸟，暗示着精神和超越的目的，仍然受到我们的老朋友——蛇的威胁。[1]意志，男性的决断力，刀所象征的阳刚力量，帮助他将自己从精神的斗争中解救出来。原本用于母亲身上的能量，现在便可用于生命的旅程。残缺的蛇最终变成了提供潜在营养的鱼。

另一名男性 50 多岁，母亲在他内心是一种压抑的形象，他将其视为干预者和批评者。几十年来，他一直将这种磨人意志的形象投射到雇主、亲密关系以及整个世界中。作为一个孩子，他唯一的防御方式就是通过幻想和学习来避开她，等到 17 岁时，他加入了美国空军，以此逃离她。为了避免与他人冲突，他基本上过着与世隔绝的生活。经过一段时间的治疗后，他做了这样一个梦：

> 我带着一个小女孩走到码头，准备登上伊丽莎白女王 2 号邮轮（Queen Elizabeth 2）。但这次我找不到这艘船了。然后场景就变了，一个美丽、乐于助人的女人带我走进了一个奇妙的房子，这是我梦想中的房子——白色的土坯房，宽敞的客厅里有一面玻璃，视野开阔，玻璃茶几上放着一个水晶花瓶，里面插着鲜活的绿植。

1　有关该主题的详细讨论，请参阅罗伯特·加德纳 (Robert L. Gardner) 的《彩虹蛇：通往意识的桥梁》(*The Rainbow Serpent: Bridge to Consciousness*)。

这名男子曾多次梦到海上航行或空中出逃，所有这些都代表了他逃避母亲的愿望。在这里，他带着一个不成熟的女性意象来到母船（母亲情结）。但他找不到了，也没有从空中出逃的可能性。然后，一个乐于助人的、成熟的女性意象引导他走进一个美丽的房子，这不禁让人想起比阿特丽斯指引但丁走出地下世界的情景。他联想到这座弗兰克·劳埃德·赖特（Frank Lloyd Wright）式的土坯房代表着他的潜能，是他灵魂的塔里耶森（Taliesin）[1]。他认为那个美丽的水晶花瓶就像是圣杯，一个能增强心灵内容的容器，而这个花瓶里生机盎然的绿色植物，则指向了伟大母亲赋予生命的一面。

对于这样一个梦，我们很容易过度解读。但这个梦似乎确实预示着他内心的变化。自童年以来，这个男人一直受他人主宰。母亲这个形象，从小没有给他带来保护，反而侵入了他脆弱的心灵，严重地伤害了他爱人的能力，最终导致了极具破坏性的、贪婪的母亲情结。生活中随处可见母亲情结的映射，这让他逐渐了解这股力量，从而使他能够有意识地撤回这种对他人和情境的投射。如此一来，他对自己的能力慢慢有了更深的认识，即他有能力做出选择，发挥自然赋予他的能量。

只有正视内心和投射到外界的母亲情结，一个男人才能

---

1 弗兰克·劳埃德·赖特的代表建筑之一。——译者注

够真正做自己。只有鼓起勇气面对这个潜在的深渊，他才能变得独立和无怨无悔。如果他仍然在责怪母亲或任何女性，那么他就还没有长大；他仍在寻求母亲的保护，或试图逃避母亲的支配。

当然，我的本意并不是要责备这些男性，而是希望这样的描述能够方便你们理解，父母在孩子所承担的负担中确实起到了非常重要的作用。荣格也直接阐述了这一点：

> 对孩子心理影响最大的通常是父母（和祖先，因为这里我们讨论的是原罪这一古老的心理现象）没有经历过的生活。如果我们不加上限定条件的话，这种说法就显得过于草率和肤浅了：没有经历过的生活，指的是如果不是某些牵强的借口阻碍，父母本该有的生活。坦白地说，就是他们一直逃避的那部分生活……播下了最毒的种子。[1]

我们的祖先早已感知到了这个事实：没有经历痛苦、意识及融合的部分，都会转嫁到下一代。正如荣格在提出上述论述后所说："阿特柔斯家族的诅咒（The curse of the House of Atreus）

---

[1] 荣格，《人格的发展》(Introduction to Wickes's :Analyse der Kinderseele)，《荣格文集》第 17 卷，第 87 段。

并非空穴来风。"[1] 此外，他还补充说："大自然对于'我不知道'这种辩解没有任何用处。"[2]

因此，特别是母亲变幻莫测的性格、意识水平、创伤特点及其应对方式，共同构成了孩子的心理遗传。孩子从她那里获取了许多关于自我和生活的信息，且必须与她达成一致。即使儿子已经结婚并和另一个女人生活在一起，母亲仍可能起到决定性的作用（许多婆媳关系的趣闻都证明了这一点）。

人类关键的人生经验源自最初的分娩分离。[3] 在此之前，孩子原本与宇宙心跳相连，所有的需求都得到了满足，但现在孩子被单独推入了一个充满重力的世界，并逐渐意识到自己需要重新定位。脆弱的人类成了母亲，并承担了原型沉重的重量。孩子根据与亲生母亲相处的经历，创造并内化了自己的女性意象，即母亲情结；同时也塑造并影响了生活本身的体验，也就是对所有自然力量的体验，即原型母亲。

孩子对母亲或母亲替代者的绝对依赖显而易见。儿童的脆弱引发了一种原始的分离焦虑，这种焦虑是不可避免的，且在个体的一生中产生一系列连锁反应。弗洛伊德将爱欲（融合与

1　荣格，《人格的发展》，《荣格文集》第17卷，第88段。

2　荣格，《人格的发展》，《荣格文集》第17卷，第91段。

3　这种分离的系统发育记忆可能解释了为什么所有人都有他们部族对"堕落"的记载，以及对失落乐园的记忆。

重新连接的冲动）置于首要地位，这种说法实际上是正确的，因为生命的初始体验就是断开连接。因此，男人一生都在寻求重新连接。由于他无法重新回到母亲那里，他必须在与个人或机构的关系中、在意识形态或天父——上帝中，去寻找那个"她"的替身。

除了分娩的创伤外，母子之间特定的关系对男性的心理也起着巨大的作用。一个男性有可能遭受其中一种伤害或是两种皆有，即母子之间的关系要么过分亲近，要么远远不够亲近。在前一种情况下，母亲的需求、自身的心理问题、创伤、未经历过的生活，都将不可避免地强加给孩子。这种"过度亲近"会淹没男性脆弱的界限，让他产生一种无力感。这种压抑感会伴随他长大成人，继而投射到其他女性及各种事件中，这种无力感会不断困扰他。

同样，如果一个男人的母亲无法满足他的需求，他便可能有一种被遗弃的感觉。这无疑会影响他内在的自我价值感（"如果我做得足够好，我就会得到我需要的和应得的东西"），导致普遍的不安全感，以及使他在焦虑的驱使下，近乎疯狂地寻求"母亲"的安慰。男性对自我的认知在很大程度上受到这些伤害的影响——过度亲近、近乎抛弃或两者皆有。

当孩子发现这个世界是有条件的，且这个条件由母亲决定时，他就会遭受分离焦虑。这种普遍的焦虑，存在于一定范围之内，但具体因人而异，根据不同的经历转化为对自己、对他人和对女性的一系列不明确的恐惧。这些恐惧深入骨髓，并反复投射到他人身上。印欧语根"angh"（收缩）衍生出英语单词angst（烦恼）、anxiety（焦虑）、angina（心绞痛）和 anger（愤怒）。感知到对健康的威胁，我们的身体就会不自觉地、反复地引发这一系列的情感。孩子本能地、直观地知道自己需要什么，并对背叛感到愤怒，以及对失去必要的抚养者感到悲伤。

在一篇题为《悼念与忧郁》的论文中，弗洛伊德指出，物理上失去他人，如死亡，会产生悲伤。当他人在情感上无法继续给予支持时，我们也会感受到失去，尽管对方仍然存在。这种认知失调产生了悲伤或忧郁，虽然这种情绪转向了内在，但会影响人的一生。这种无声的痛苦、悲哀，催生了许多伟大的音乐、艺术和抒情诗歌。"有时我感觉自己像一个没有母亲的孩子"，每个人都能或多或少地感受到这种情绪。这种"对永恒的渴望"催生了中世纪的游吟诗人，后来的浪漫主义运动，以及绝大多数悲伤的牛仔歌曲。在那里，某个地方，"她"在等待。

对于大多数男性来说，双重创伤既会带来愤怒，也会带来悲伤。这种愤怒基本上是无意识的，无法区分。其处理方式通常有四种：感到无力，一个人可能会变得很沮丧，抑郁症多被定义为"内化的愤怒"和"习得的无助"。将愤怒内化，这可能会与其他身体状况相结合，从而导致胃病、偏头痛、心脏病或癌症等疾病。从压抑中流露出来，男性无法对母亲表达的，通常会以愤怒的状态表现出来。这被称为"转移"或"错位"的愤怒，只要轻微挑衅，就会爆发出在客观上不合理的情绪（这是激活母亲情结的主要标志）。

最后一种，男性可能会通过自残或对他人实施暴力来表达他的愤怒。众所周知，强奸是一种暴力而非欲望犯罪，其本质是转移愤怒。尤其是对女性的暴力，能够体现男性母亲情结创伤的程度。由于该情结的性质和深度本质上是无意识的，男人便只能攻击某种具备外在形式的事物。

即便成年后，男性与女性的每一次相遇仍会触发这种深层的内心矛盾。男性会很自然地将其对伤害和失落的恐惧转移到外部环境，即使它们依然存在于他的内心，即母亲情结。他们本能地感受到这种内化的巨大力量，当下再次体验到时，原先的恐惧便再次浮现。受童年时期对女性力量体验的影响，为了自我防卫，他们会试图支配或安抚外在的其他人。因此，两性关系的历史是一首悲伤的哀歌，男性出于对内在女性意象的恐惧而试图主宰与控制一切。无论何时何地，当我们看到男人试图控制女人时，这背后其实都是恐惧在作祟。

作为一名治疗师，我目睹了许多婚姻因恐惧而权力失衡。看到男性执意控制家庭财务和决策，我曾劝他们理性、回归常识和公平，却遇到了某种莫名的阻力。在内心深处，他可能真的想让步，想放弃他的权力，但一想到后果，他便被恐惧支配。父权制就是恐惧的"杰作"，正如布莱克（Blake）所说："瘟疫使婚礼成为丧礼。" [1]

此外，同样受恐惧控制的男人可能会想方设法取悦和安抚内心那个"她"。他努力让"她"高兴，在这个过程中不惜牺牲自己的幸福。或是沉溺于两股冲动，或坚持自己的方式，或通过消极对抗，避免控制和复仇行为。

有个非常成功的牙科医生，他选择这个职业主要就是为了取悦他的母亲，并在情感上取代他软弱的父亲。但他后来成了一个挥霍无度的人，最终走向破产。他每年赚近 25 万美元，却依旧身无分文，就连他自己都对此感到困惑。有一天，他突然脱口而出："我成为牙医都是为了她，但我却把自己的生活搞砸了。"这一刻具有极大的现实意义，因为他终于发现了母亲对他的支配，他通过消极的方式进行反抗，但只是成功地毁掉了自己。

还有另一个男人，他的父亲去世后，照顾母亲的重担就完

1　布莱克，《伦敦》（"London"），收录于《诺顿诗选》，第 462 页。

全落在了他的身上。当母亲对他提出不合理的、无休止的要求，且这些要求一再侵犯了他的隐私、婚姻，乃至侮辱了他的妻子时，这个男人把他的愤怒转嫁到了妻子身上，他指责妻子在母亲最需要她的时候不够体贴，并抑制了自己的愤怒。他来接受治疗是因为他的妻子和孩子们都抱怨他喜怒无常。这些情感的爆发似乎超出了实际情况本身，很显然这触及了承载他一生恐惧和愤怒的黑匣子。对他来说，将愤怒的矛头对准母亲只是徒劳，因为她的需求没有任何界限。他对母亲的恐惧和愤怒使他不断合理化母亲的行为，并最终在妻子身上爆发，因为他觉得是妻子强迫他处理这个问题。在整个婚姻中，他的妻子都能感觉到自己隐隐有个竞争对手。公正地说，由于没有处理好母亲情结的力量，这个男人将他的痛苦转嫁给他的妻子。在心理上，他从未离开过家。

　　在充分意识到母亲情结的影响之前，男性所有的人际关系都会经历重重困扰。痛苦和愤怒要么内化造成自我伤害，要么向外投射伤害他人。在意识到其内心的历史遗留问题之前，他都不算真正长大、成熟。内在孩子的所有需求在当下仍然活跃，同样活跃的还有他对母亲窒息的爱或因被遗弃而产生的恐惧。这就是为什么许多男人试图控制他们的伴侣，因为他们认为伴侣是全能的。而他们内心深处婴儿般的需求没有得到满足，因此他们试图把伴侣变成母亲。

大多数女性并非有意成为其伴侣的母亲，但最后仍然会在无意中代入这个角色。鉴于母子关系的重要性，我们也就不难理解为什么成年人的亲密关系总是困难重重。我们所有未满足的需求、恐惧和愤怒都会在亲密关系中表现出来，关系越亲密，就越容易受到男人所承载的原生关系的影响。

考虑到每个人的心理经历不同，以及人与人之间因此而产生的交织复杂的投射，任何关系能够维持都是个奇迹。有时，当一个女人成为男人的母亲时，这种关系可能"有效"，但其代价是男人永远无法从他的母亲情结中得到心理解放（更不用说女人的枷锁了）。性关系尤其受到这种原始负担的影响，因为对许多男性来说，性行为是最原始的重新连接，是他们感觉到与温柔母亲最接近的时刻。

母亲的影响可能会在所谓的处女情结中显现出来，在这种情结中，男人只能对女性的"阴暗面"充满性热情，同时将其妻子定位为一个难以接近的圣女。有些男人非常热衷于性生活，直到他们的伴侣怀孕或成为母亲，然后他们内心的冲动会突然变得非常强烈。他们的爱欲包裹在母亲情结中。无法与妻子进行性行为，他们便把爱欲被投射到对其他女人的幻想中或婚外恋中。曾经令人向往的浪漫的另一半现在已经被"驯化"

了，被无意识的母亲情结裹挟。男性杂志和选美比赛等都证明了男人在性生活上幼稚的一面，这种幼稚背后是男性将爱欲视为最基础的需求，因为实际生活中女性要求得太多了。花花公子（playboy）实际上就是字面上的意思：一个贪玩的男孩子。除非他能从内心强大的母亲情结中夺回对爱欲的掌控权，否则他永远不可能成为一个男人。

　　最可悲的是，那些性欲仍然与母亲情结捆绑在一起的男人，对自己内心的女性意象，也有同样的需求、恐惧和愤怒。与自己的灵魂分离是一种非常可怕的创伤。一位女性在谈及她丈夫时说："我是他的情感透析机。"这个男人来自一个冷酷无情的家庭，他已经离开那个充满痛苦的世界了，但他内心的女性意象呢？不出意外，它被转移到了他妻子的身上。当他感到愤怒时（虽然这对他来说是不可接受的），他会刻意挑衅并激怒妻子，然后以旁观者的视角审视他所造成的后果。当他把妻子从卧室赶出去时，他觉得是妻子遗弃了他，并对此感到义愤填膺。对他来说，情感实际上是非常宝贵的，只是太过沉重和痛苦了，他自己无法处理。因此，他妻子把自己比喻成他的"情感透析机"再准确不过了。

　　还有一个更糟糕的例子，查尔斯的妻子每年都会对他说一次："查尔斯，我们必须谈谈。"而他总是回答："如果你再来这套，我马上就离开。"这听起来像是《纽约客》（*New Yorker*）杂志上的一组漫画，但这实际上反映了这个男人只要想到跟妻子对话，内心就承受着前所未有的恐惧。

因此，如果无法充分理解母亲情结的力量，最大代价并不是它对外部关系所造成的伤害（虽然那往往也很可怕），而是它对男人与自己的关系所造成的影响。无意识的东西永远不会消失；它始终活跃在灵魂之中。这种自我疏远侵蚀了男性的生活质量并毒害了他们的人际关系。为了疗愈，男人首先必须考虑到未解决的、内化的母子关系，认清自己的创伤来源，无论是个人的还是文化上的。最后，他需要理解父亲在这种情感架构中的地位。

第三章

CHAPTER 3

必要的创伤：通往成年的仪式

最近经过谢南多厄河谷（Shenandoah Valley）时，我和妻子听到了枪声。然后如梦似幻地，我们看到一连串大炮在开火，蓝灰两军列阵相对。我们碰巧遇到了新市场战役（Battle of New Market）的周年纪念活动。1864 年 5 月，当时位于列克星敦（Lexington）的弗吉尼亚军事学院（Virginia Military Institute）的年轻学员冲入战场，课堂上所学的策略变得无比真实，而且对许多人来说，这就是最后一课。

看着双方交火，我有种矛盾的感觉，就像是一个围观他人痛苦的无耻看客。我知道这并不是真正的战争，后方没有医疗帐篷，没有断肢堆，没有家庭会因此破碎，没有固定在背后用于确认身份的姓名标签（希望不会落到敌人手里）。尽管那场战争有其崇高的目的，但我仍不禁回想起威尔弗雷德·欧文（Wilfrid Owen）的诗句，1918 年在停战协议签定前一周，他率领班组赴死前写下如下劝诫：

> 我的朋友啊，你无法如此热忱地告诉他们
> 那些渴求绝望荣耀的孩子们，

那个古老的谎言：pro patria mori（为国捐躯）[1]

是英勇而光荣的。

甘美而合宜。[2]

以及西格弗里德·萨松（Siegfried Sassoon）的苦涩的诗句：

你们，看着士兵前进欢呼的人群

带着得意的面孔和闪亮的眼睛，

快躲回家去！求自己永远别知道

怎样的地狱，在等着他们的青春与欢笑。[3]

　　这也让我想起了另一位接受治疗的患者杰拉尔德（Gerald），他19岁时就去了越南中部，带着一把M–16步枪和一个无线电，他去了类似波来古（Pleiku）和德浪河谷（Ia Drang Valley）这样的地方。他看到自己的一个战友仅仅为了乐趣就用他的机枪将一个农民撕裂成两半。他还看到有朋友把越共的耳朵做成

<hr>

1　Pro patria mori 是拉丁语，意为 " 为祖国而死 "。这是一句源自古罗马诗人的名言，常被用来美化战争牺牲，鼓吹爱国主义情怀。——译者注。

2　威尔弗雷德·欧文，《为国捐躯》（ "Dulce et Decorum Est" ），《战争的诗，1914—1989》（ *The Poet of War* ），第 20 页。

3　西格弗里德·萨松《战壕中的自杀》（ "Suicide in the trenches" ），《战争的诗，1914—1989》，第 21 页。

项链挂在脖子上。在波来古待了 24 小时后，他来到了洛杉矶，花了将近一年的时间才回新泽西北部看望他的家人，他发现自己就是无法回到过去的生活。这让我想起了海明威曾说过："大战之后，荣誉和职责这样的词已经成为一种亵渎了，唯一神圣的词是那些士兵牺牲的城镇、山丘和河流的名字。"

我不禁纳闷，我们那天为什么会出现在弗吉尼亚的新市场。当然，我并不反对纪念那些 130 年前牺牲的人。虽然我猜商业和地区霸权的问题远比结束奴隶制的愿望更为重要，但我怀疑许多走上那片战场的人之所以这样做，是因为他们更害怕面对不上战场的后果。他们在战场上追求的是所谓的红色勇气勋章，他们害怕的是懦弱和耻辱，而不是枪林弹雨。《荷马史诗》深谙其道。在《伊利亚特》中，当特洛伊英雄赫克托尔（Hector）被问到为什么会如此骁勇善战时，他回答说他更害怕被他的同伴羞辱，而不是被希腊长矛刺穿。因此，恐惧是一位吹笛人，他吹奏的曲调让男人们随之起舞，并无意识地走向战争。

作为战争年代的孩子，我很早就预见了未来自己在某片外国土地上的使命，于是我尽可能地读了所有关于战争的书，以便做好准备。越南战争期间，作为研究生，我获得了缓征以及一个非常幸运的号码；我松了一口气，但同时又感到羞愧。我觉得自己没有通过某种重大的考验，虽然我对战争没有任何意识形态的幻想，也不想去岘港。我敬佩那些去了的人，也尊重那些留下来抗议的人。我同样尊重那些因为个人良心而拒绝服兵役的人，卡尔·沙皮罗（Karl Shapiro）曾说："你们的良知是我们回家的目的。"[1] 但我也感到羞愧，想知道如果是自己会如何应对这种情况。我知道害怕并不可耻，但我想知道，在恐惧面前，我是否能够通过考验，不让我的战友们失望。虽然从那以后我在内心深处经历了许多与魔鬼的斗争，我仍然感到困惑。

我的重点并不是要讨论战争或外交政策的问题，而是再次明确第一章中提到的萨图尔所带来的负担。虽然每个文明为了维护自己，都对其公民提出了巨大的要求，但每个男人都会因此被召唤而受伤。在上一章中，我们已经探讨了母亲情结对男人一生的巨大影响，现在我们必须深入分析一下为什么男性的受伤既是必要的，有时又是令人震惊的。

有一次，当我结束荣格学会的演讲后，在问答环节，有个男人站了起来，我记得他大致是这样说的："我现在已经人到中年了。几年前，在我 38 岁的时候，我的妻子告诉我她不再爱我了，她要离开我。我彻底崩溃了，当时就只想死。但现在我意识到她其实帮了我一个忙，是我把她赶走的。是她迫使我面对

1　卡尔·波皮罗，《良心拒服兵役者》（"Conscientious Objector"），《英语现代诗歌》（*Modern Verse in English*），第 574 页。

自己的愤怒，面对被遗弃的恐惧，是她迫使我面对自己。"

虽然他没有使用"女性意象"这个词，但很明显，这位男士的妻子迫使他面对自己的内心，因为她不愿再承受他内心的投射了。这名男士的内心明显很痛苦，但他的勇气和自我反思的意愿实在令人敬佩。他的经历印证了尼采的名言："那些无法摧毁我们的终将使我们变得更加强大。"[1]

因此，创伤就像一把双刃剑。有些创伤会压垮灵魂，扭曲和误导生命的能量，而有些则能促使我们更加成熟。

我在苏黎世的第一位患者是一名中年男子，他从未与女人建立过关系。他只有在幻想女性殴打孩子或亲吻女人的脚时才会有性冲动。他从未见过他的父亲，而他的母亲曾是一个宗教公社的领袖。母亲对他爱人的能力造成了可怕的伤害，摧毁了他对男子气概微弱的认同。

另外，有些伤害是"必要的"，它能促进意识的觉醒，迫使我们走出旧生活，迈向新征程，成为促进下一阶段成长的催化剂。正如荣格所说："一个人伤痛的背后往往隐藏着他的天赋。"[2]因此，创伤本质上是矛盾的，我们需要自己去区分哪些创伤是

---

1 《偶像的黄昏》（"Twilight of the Gods"），《尼采作品便携本》（*The Portable Nietzsche*），第 467 页

2 《孩子的天赋》（"The Gifted Child"），《人格的发展》，《荣格文集》第 17 卷，第 244 段。

摧毁性的，哪些是帮助我们成长的。再次强调，我们正试图客观地理解祖先们曾利用本能掌握的一些东西。创伤始终是男性成熟、进入神圣社会，有时甚至是进入专业领域的关键因素。

因此，男性的另一个秘密就是：因为男性必须离开母亲，并克服母亲情结，所以受伤是在所难免的。

我面前有一幅 19 世纪美国画家乔治·卡特林（George Catlin）的作品。年轻的卡特林受过律师的训练，他越过密西西比河，访问了大约 38 个不同的印第安部落，他们中的很多人是第一次见到白人。卡特林留下了许多有关他们的画作，描绘了他们的首领、他们狩猎和日常生活的场景，以及他们的仪式。他有一幅关于曼丹苏族（Mandan Sioux）启蒙仪式的画作，观赏者皆不寒而栗。一根钢针穿过启蒙者的胸膛，他被绳子钩住挂到了天花板上，他就这样被挂着旋转，直到昏厥。然后被放到地上，等他恢复知觉后，他要把一根手指放在兽骨头上，这根手指要被切断作为进一步的献祭。[1]

人类文明的历史充满了不那么夸张，但同样具有决定性意义的启蒙的例子。这种显而易见的残忍传达了什么信息呢？

首先，正如约瑟夫·坎贝尔（Joseph Campbell）所指出的：

1　哈罗德·麦克拉肯（Harold McCracken），《乔治·卡特林和昔日西部》（*George Catlin and the Old Frontier*），第 106 页。

这个男孩正被引导着跨越艰难的门槛，从对母亲
的依赖到承担起父亲的职责，不仅是通过身体物理层
面决定性的转变……也是通过一系列强烈的心理体验，
重新觉醒的同时重组婴儿期无意识的所有原始印记和
幻想。[1]

无论是割礼、下切、敲牙，还是剪耳或断指，所有这些仪
式上的残害行为牺牲的都是对物质（mater- 母亲）的安全和依
赖。长者们将男孩从恋母依赖中夺出，切断他对已知的、安全
的、所有母亲世界各个方面的依赖。

然而，无论这些考验有多么痛苦，它们都是长辈对晚辈的
爱的体现。从针对无助受害者的无端暴力行为，转变到宗教层
面，因为它们同时还代表着男性团体的启蒙，伴随着歌舞的仪
式以及使用"公牛吼器"（bull-roarer，一种原始的音乐工具）来
诱导出恍惚的状态，一种超越平常的状态。那些挂在曼丹苏族
帐篷脊架上晃荡的人，通过这种仪式和痛苦，被赋予了一种欣
喜若狂的体验。也就是说，此时此刻他们便从孩童的存在转变
到超神的领域，代表着他们的神明、人民以及男性奥秘的神圣

1　约瑟夫·坎贝尔，《上帝的面具：原始神话》（*The Masks of God: Primitive Mythology*），第 99 页。

历史。

对于男孩而言，这样的仪式要比女孩复杂得多。正如米尔恰·埃利亚德（Mircea Eliade）所解释的：

> 对于男孩来说，启蒙仪式代表着进入一个抽象的世界——精神和文化的世界。而对于女孩来说，正好相反，启蒙向她们揭示了一系列抽象概念背后，其实都是自然现象——她们性成熟的明显可见的标志。[1]

因此，对女孩而言，进入成人社会意味着简单地复制她们母亲的世界，从生理和现象学的角度来看，月经的开始就预示着她们进入这种体验了。但对于男孩来说，青春期的来临意味着要从依赖家庭的儿童转变为保护部落的成人角色，包括守护部落的象征价值，如尊重神明的指令、参与集体，以及守护城墙等。

从家中的舒适环境走向边疆，从身体和本能转向抽象世界，从童年到成年，需要跨越一个巨大的心理鸿沟。因此，这些受创仪式其实都承载着爱意，既帮助了年轻人，也帮助了他必须维系的社会。遭受仪式的痛苦时，年轻人所有的感受都是直观

1　米尔恰·埃利亚德，《启蒙仪式的象征》（*Rites and Symbols of Initiation*），第 47 页。

的，他便会在肉体的严酷体验中领悟到不能再重返家园的信息，从而进入一种欣喜若狂的状态，真正跨越心理鸿沟，进入成人的世界。但对于今天缺少外界帮助的男人来说，要跨越那个巨大的深渊极其困难。缺乏启蒙仪式，缺少智者长者，成熟的男性启蒙的榜样也很少。所以我们大多数人只能依靠个人的力量，沉溺于弥补自己尴尬的男子气概，或者更常见的，孤独地承受羞愧和犹豫不决。

尽管有地理位置与文化的差异，但各地的启蒙仪式似乎在结构、顺序和动机上都具有一定相似性，人们便自然地认为这些仪式或许是由某个中央委员会规定的。不排除这种可能性，但这些仪式似乎都是自发产生的，也就是说，它们都源自原型。大多数神话主题和超越神明的视野都起源于个人或小团体的心理活动。这些意象的产生是为了支持和引导生命的流动，以有意义的方式引导人类的能量。因此，或许可以期待，我们自己的内心深处，即无意识运作的过程中，也可能实现这种启蒙，因为每个男人的心中都流淌着与祖先相同的能量。

28 岁的诺曼（Norman）曾梦到过类似启蒙的召唤。诺曼只能回忆起他一生中的一次欢乐时光。那时他因滥用药物从大学辍学，搬到了一个叔叔家，并和叔叔一起在面包店工作。但由于家庭的压力，加上他缺乏自信，他最终回到了自己家。几年来，他反复接受精神治疗，尽管他并没有任何明显的病理特征。他的问题更多是发展性的，也就是说，是成熟和分离的问题。他的母亲对其心理上的影响是过量的，而他的父亲大部分时间又都因公务而缺席，即使在场也起不到积极作用。

当诺曼来找我时，我建议他搬出父母家，至少迈出启蒙的第一步——物理分离。他的母亲后来给我打电话，非常不满地说："但你根本没有站在一个母亲的角度去思考。"我是这样回答她的："是的，夫人，我是从他的治疗师的角度去思考的。"我本想说"站在一个部落的长老的角度"，但我怀疑她可能不会理解。

在接受分析治疗期间，诺曼继续在依赖家庭（经常开车回家或给母亲打电话），每次联系后都在愤怒和无力感之间摇摆不定。可以说他的灵魂就是摇摆不定的。把这一切归咎于他那无意识的母亲，看似很合理，因为她确实为他设下了陷阱，或是归咎于他那被动的父亲，因为他没有为诺曼提供任何启蒙的榜样。但这样的归因都会削弱诺曼个人的责任和任务：在渴望成为一个成年人和对独立的恐惧之间维持平衡。这一巨大的挣扎，这日复一日的摇摆，在诺曼的一个梦境中都得到了戏剧化但强有力的表现，这个梦境有三部分：

> 我和男性朋友一起去了汽车电影院。汽车出了点问题，

我下车检查，结果有人朝着我嘴边重重地打了一拳。

　　我和母亲一起照镜子，她很惋惜，因为我的牙掉了，无法挽回。我把这颗牙拿给基思·拜尔斯 (Keith Byars) 看。[1]

　　我找到 X 女士，并对她说："我不是小男孩了，请把我当成男人对待。"

这个梦境说明了一切。诺曼的梦反映了他正处于一个停滞不前的状态，一个被称为"青春期"[2]的无人之地。梦中的场景揭示了他在现实生活中所处的状况。电影院意味着他生活中的内心戏剧正在放映，这是他正与男性力量达成一致的地方。但是，汽车——他的心灵驾驶与流动性的象征——出问题了。当他打算采取行动时，他受伤了。开始治疗之前，诺曼对男性的成人礼一无所知，但他的心灵，在原型层面上实际是知道的，因为它参与了最原始的发展过程。他并没有意识到，仪式的伤害，有时仅仅是敲掉一颗牙，也象征着放弃对母亲的依赖。

　　诺曼无法完全与母亲断绝关系，有一部分是因为母亲持续的干预和关心，但他自己的被动和惰性也同样阻碍了他的成长。

1　基思·拜尔斯（Keith Byars）是诺曼梦中自己最喜欢的球队——费城老鹰队（Philadelphia Eagles）的一名著名的跑卫。

2　由于缺乏成年的过渡仪式，行业内目前将青春期定义为 12 岁至 28 岁之间。诺曼显然还在突破这一限制。

在梦中，他寻求母亲的同情和慰藉——"可怜的宝贝"，与此同时，他分裂的心灵又向"基思·拜尔斯"展示这颗牙，也就是说，在他的个人和集体文化中，他的内心将这名运动员视为男性力量的代表人物，也许能够帮助他对抗母亲的力量。

诺曼的父亲并未在梦境中出现，但橄榄球运动员揭示了他渴望男性的能量，并需要其肯定。然而，矛盾情感占据了上风，因为在梦境的第三部分，诺曼寻求了 X 女士的帮助（一位诺曼认为比他母亲更加理解和支持他的邻居）。因此，这个梦并不意味着突破，因为最后诺曼仍然在寻求一位年长女性的认可。

这种倒退的力量存在于所有男性中，但这里的病理现象在于诺曼过往的经历中几乎完全没有积极的男性力量。当这样的力量存在时，它有助于为男性提供模范，并平衡母亲情结倒退的拉力。这也解释了为什么诺曼认为与叔叔一同工作的那段短暂岁月是他生命中最美好的时光。然而，即使是那一瞬间的成熟，最终也被母亲情结的强大能量和他自己的胆怯抹杀。[1]

在缺乏成年过渡仪式和部落长老启蒙的情况下，诺曼的困境是当今许多男人普遍的情况。他们身上背负着大家的期望，大

1　在《格林童话》的《铁汉斯》故事中，通向野人的钥匙藏在母亲的枕头下，少年不能向母亲索要钥匙，因为她肯定不会给，她希望少年一直留在她的身边。因此，为了解锁成年的力量，少年必须偷走钥匙。

家希望他们能独立成长、认识自我、服务并维护部落文化，并对自己的身份感到认同。年长的男性治疗师可能在某种程度上能为他们提供一些支持和鼓励，但每周一次的诊疗显然是不够的，无论如何都无法与传统神圣的成年启蒙仪式[1]相提并论。例如，诺曼最终确实减少了与他父母的相处时间，慢慢地不再受他们和父母情结的控制，现在的他独立生活并自给自足。但从心理上说，他仍然还是我们这个时代未经启蒙、受伤的男性典型。

　　诺曼梦中掉牙齿的场景象征着牺牲舒适的生活，踏上艰难的旅途。这种牺牲是一个非常强大的神话动机，一种原型模式，要求先放弃某些东西才能获得新物质，即必须放弃童年的依赖心理，才能获得成人的自主和创造力；必须抛开对无忧无虑生活的渴望，才能成熟地承担应有的责任。这样的变化不仅仅是意识的觉醒，也是一种选择。所有人都是受到召唤要求成长的；但并不是所有人都能完成这个任务。成长的伤痛也是一种对未来的预示——这个世界充满了伤害。当孩子上幼儿园时，他害怕的不仅仅是失去温暖家园的庇护，也是预感到眼前是一个更加困难和危险的世界。害怕那个世界是很自然的现象，但如果要

1　诊疗具有一定建设性、支持性，但毕竟没有涉及启蒙仪式那种毁灭与重生，甚至是悬于天花板的经历。诊疗通常以谈话的形式进行，虽然是必要且有一定治疗效果的，但往往需要的时间也更长。

真正步入成年，就必须进入那个世界。

当我还是个青少年时，我不顾父母的反对，坚持在高中和大学打橄榄球。第一天训练时我的一个指甲就被撞掉了。正当我站在场边心疼自己的时候，一个高年级的队员走了过来，如果我没记错的话，他是这么对我说的："如果你连这个都受不了，其他的就更不用说了，你接下来只会更痛苦。"那一刻，我感到了一种来自男性的爱，一种友善的鼓励。他本可以羞辱我，就像男人经常对彼此做的那样，但他的语气充满了善意，我内心体会到的是一种鼓励。尽管我的个子并不适合加入橄榄球队，但当时的我充满了斗志，我也不知道为什么。

现在回想起来，我当时的动机其实显而易见。我害怕被那些人高马大的队友伤害，为了弥补这种恐惧，我选择了主动加入恐惧的领域。每周五我都会因为那种恐惧而肚子疼，但我从未缺席过任何一次练习或比赛。就像《伊利亚特》里的赫克托尔，我更害怕胆怯，而非受伤。第一年结束时，我的手指骨折了，那一刻我感受到了一种象征性的胜利，我仿佛拿到了一枚代表勇气的红色徽章。我的潜意识一直在寻找男性之间的纽带——与队友们碰头、开玩笑，输掉比赛时一起哭泣。我的心灵把汗水、碰撞和恐惧当成了一种成年的过渡仪式。我的父母不能理解，当时的我也不明白，橄榄球是当时那个贫瘠时代我所能得到的一切。为了得到象征性的伤痕，为了与男性能量和友情建立联系，以及为了从童年和母亲情结的囚笼里逃脱，我能依靠的就只有橄榄球了。

就在几年前，我梦见了大学时期的橄榄球教练。我已经有30年没见过他了，在校友杂志上找到他的地址后，我给他写了封信。他现在住在印第安纳波利斯，他还记得我，并在讲述他此后的生活时补充道："这就是我们从橄榄球中学到的。受伤了就继续站起来，准备下一场比赛。"也许这对生活来说就是个简单的信息，但这绝对是一个必要的信息。多年后心灵把它带到我的梦中，也许就是为了提醒我这个信息。

最近的一个劳动节，我和妻子出门遛狗，那会儿天色还很早，对面学校的操场还蒙着一层雾。我们远远地看到一些模糊的身影，听到微弱但有节奏的歌声。我的妻子说："教练连节假日都要拉着孩子们训练，剥夺他们和家人相处的时光，真是太可怕了。"我回应她说："也许是他们自己想来，这是他们自己争取而来的。"我没有补充说他们也许想在这种日常的碰撞中受伤，他们需要彼此，这关乎某种爱，他们是在雾中寻找他们的父亲。我没有继续给妻子补充，是因为我觉得解释不清楚。实际上，直到我真正面对自己的内心，深刻剖析自己时，我才意识到，当初在翠绿的草地上打橄榄球并折断了一根手指是我做过最明智且最有必要的事情了。

　　在这样的球场上，年轻人在无意识中寻找的，其实是被遗忘的过渡仪式和失落的父亲。用荣格的话来说，他在寻找有象征意义的生活。只有当人们觉得自己正在过有象征意义的生活，自己是神圣戏剧中的演员时，意义才会来到我们身边。无论文化多么衰弱，年轻人都在寻找那些能吸引并引导他生命发展和服务社会的意象。他对自我实现的需求是深沉的，且具有原型的紧迫性。倘若没有这样的意象和仪式，他就会感到迷惘。他会把时间浪费在抑郁中，或是借助药物来麻痹痛苦。就像诺曼，他会悬浮于儿童与男人之间，或者过度的男子气概中。他以为只要和女人上床、开一辆高性能的车或赚很多钱，就能证明他的男子气概。他内心显然知道真相，所以他极其害怕自己被揭穿，并认为自己是男性群体中的冒牌货。

　　所有男人都经历过与球场类似的考验，只是场合不同罢了。我所遇到的每一个男人，如果他足够坦诚，都会承认自己曾为作为一个男人而感到羞辱。创伤唤醒男性成长意识的同时，也损害了男性的自我意识。我所接触过的每一位男性患者，都曾在某个时刻感觉自己不配做男人或是感到羞愧。他们大多数都对自己的失败记忆犹新，比如，因为他们丢球而输掉比赛，或是没能入选球队。对于男孩子来说，这种绿色球场，或是尘土飞扬的操场，都是测试和羞辱他们的地方。

哪个男性会忘记更衣室墙上的标语？"一分耕耘，一分收获。""艰难之路，唯勇者行。"有谁会不记得小时候经常玩的粗暴游戏？有个事业有成且有很高知名度的男患者总是提到一个叫"雷德投降"的词。在他大约 9 岁的时候，有个名叫雷德的大孩子把他按在操场上，并把泥涂抹在他的脸上，其他的孩子们都在边上笑。成年后，无论他取得了多大的成就，"雷德投降"对他而言仍然是神圣且具有决定性意义的时刻。又有哪个男人会忘记自己被称为"娘娘腔"的时刻？我小时候经历过更糟糕的，他们说我"软弱无能"。这些创伤永远地留在了男人的心中，以至于成年后他们仍可能花大量时间与过去的羞辱斗争。

遗憾的是，他们可能并不会开诚布公地谈论这些羞愧和屈辱，以防自己被进一步羞辱。这就是男性隐瞒的第四大秘密：沉默是他们心照不宣的阴谋，目的是压抑他们真实的情感。

每个男人都会记得类似的时刻：当他还是个孩子、青年时，甚至是上周，他敢于展现真实的自己，却受到羞辱和孤立。他学会了掩饰那种羞耻，用男子气概来伪装和不断掩盖。在这个过程中，他不断被贬低和羞辱，却无法表达自己的痛苦和抗议。话剧以及后来的电影《大亨游戏》（*Glengarry Glen Ross*）就戏剧化地描绘了一个房地产公司销售团队中成年男性互相辱骂，同时又试图在销售游戏中击败对方的故事：销售业绩第一的可以获得一辆凯迪拉克汽车，第二名可以得到一套廉价的牛排刀具，而第四名面临的则是失业。这样的方式，使他们默默地咽下了耻辱感，却加深了他们的孤立感。从孩提时代开始，这种羞辱和闭口不言就一直存在，所以男人们也是自己堕落的帮凶，他们既无法拥抱那些同样破碎的兄弟，也无法拥抱支离破碎的自己。

对于女性愿意公开谈论自己的痛苦，男人们时常感到惊讶。即使作为一名治疗师，我也对女性这种愿意向他人表达自己内在真实情感的能力感到敬佩。荣格派治疗师罗伯特·霍普克（Robert Hopcke）甚至说："以他的经验来看，男性需要接受一年以上的治疗才有可能达到女性最初的水平，即能够表达他们真实的感受。"[1] 男性会表达他们的挫败感，或谈论一些"外在"的问题，但他们很少能够表达自己内心真实的世界。这是他们自童年起积累的羞愧和自我异化的结果。

有两个例子足以证明。

第一个案例，有个男性患者在他妻子的明确要求下，来我这里接受诊疗，然后非常居高临下地审判了我桌上的一盒纸巾。

---

1 罗伯特·霍普克，《男性的梦想与治疗》（*Men's Dreams, Men's Healing*），第 12 页。

因为纸巾似乎暗示了他内心的泪湖，他旧日的防御机制很快就被激活了。可预见的是，他的治疗只持续了大约 3 次，婚姻仅因此延长了两个月。我发现自己很快就对他做出了判断，但转念一想，我又为他感到难过。他的男性特质一定受到了非常严重的伤害，以至于他不得不为自己披上一件大男子主义的外衣。他是一个非常孤独的男人，那盒无害的纸巾激起了他所经历的所有羞愧、风险和恐惧。由于他的自我疏远，他几乎不可能与妻子建立安全和信任的关系，反而试图控制她。

第二个案例发生在我为一名警察和他的妻子提供咨询时，那名警察描述自己总要为金钱问题操心时，我完全感同身受。同时，他描述了自己每天都必须和"地球上的渣滓"打交道。他在很大程度上就是我们一直在讨论的那种受伤的男性。他的创伤似乎只是压垮了他的精神，而没有放他去追求新的意识。他经常对妻子大发雷霆，其中有一次甚至动手打了她，他担心自己可能会对女儿做同样的事。在一次咨询面谈中，为了说明一个观点，他站了起来，直接向我走来；当时我就想如果我动了，他可能会打我。内心受了伤的男人，只能伤害他人，因为他无法诉说自己的痛苦。

女性愿意冒险表达其真实的内在，这种意愿是男性普遍缺乏的，这就意味着女性自我疏远的可能性要小很多。以我的经验来看，女性离婚或丧偶后的适应能力远比男性要强得多。也许是因为她们在生活中学会了与自己的内在建立联系，因此她们很少有那种被遗弃的感觉。当然，她们也更有可能建立能够给予她们支持的朋友圈。在离婚或者伴侣去世后，男人更容易忽视自己的健康，变得抑郁，把自己关在一个黑暗的房间里，只与一瓶酒和一台电视做伴。他们也会更快地去寻找替代者，以此来避免孤独。

男性的死亡率在退休后不久急剧上升，似乎是因为他们的免疫系统受到了抑制。但也许这也是萨图尔创伤作用的结果，男人的价值要通过其生产力来体现，这就造成巨大的自我价值丧失。男性的一生都在被告知要努力工作，如果不工作，就会变成一个懒散、不负责任的人，或者无法养活他有义务支持的人，他就会感到羞愧。圣尼克劳斯（St. Niklaus）离开了他的家庭，成为瑞士的守护神；法国画家保罗·高更（Paul Gauguin）抛弃了妻儿，在斐济实现了他的人生价值；但这都是极少数的成功案例。工薪阶层的男人可能会被人瞧不起，但他们都能接受这一点，反倒是因不工作而产生的羞愧感让他们无法接受。

我们的文化提供了一个虚假的出路："等到65岁左右，你就不再需要用工作来证明自我价值了。你可以光荣地从战场上退休，在圣彼得堡或太阳城的沙滩上享受余生的美好时光，即便在此过程中你的灵魂没有任何准备。"在经济需求的驱动下，更出于对羞愧的恐惧，我们都印证了菲利普·拉金（Philip Larkin）那句著名的话：

> 第一个扼住男性咽喉的东西，就像即将来临的圣诞节一样——承载了各种承诺、义务和必要的仪式，男人们无助地走入年龄和无能为力的昏暗道路，一切曾给生活带来甜蜜的事物都抛弃了他们。

现代男性最大的痛苦，是受到伤害但却没能蜕变。他们承受着萨图尔的角色负担，这种角色定义束缚着他们，使他们无法解放自我。遭受着心灵的伤害，但却无法拥有神之视野。他被要求成为一个男人，却没有人能准确定义到底什么是男人；他被要求从男孩变成男人，但却没有任何过渡仪式，没有充满智慧的长者来接纳和引导他，也没有任何关于成年生活积极的认知。他的创伤并没有催化更深的意识；也没有引导他过上更加丰富的生活。它们毫无意义地、反复地挑战他的认知，使他的灵魂在肉身死去前就变得麻木。

理查德（Richard）是一家大公司的律师。有一天他做了一个梦，梦里有个男人撕下了阿诺·施瓦辛格（Arnold Schwartzenegger）

的脸皮，并把它戴在了自己的脸上。理查德在梦中感觉自己受到了羞辱。他对这个梦境的联想是公司的同事不尊重他，认为他没有发挥应有的作用。同样，他梦到他和妻子睡觉时有个人闯了进来。理查德吓死了，他想的是："我得起来保卫我们的家。"他大喊道："滚出去！"一年后，他梦到另一个入侵者，这次是朝他女儿的房间走去。理查德拿起棒球棒就去追赶那个入侵者。

理查德对这些反复出现的梦境的理解是，生活赋予他的角色就是家庭的保护和支持者。他感到害怕，怕自己做得不够，不够男人。只因这些梦境太过执着，他才不得不向治疗师坦白这些想法。在另一个梦里，他看到有人正在殴打另一个人。他大喊："放开他。"袭击者便转而追赶他了。"我们打了起来。我用脚踢了他的下体。我把他打到头昏脑涨，但他控制了我并折磨我。然后他拿走了我的鞋，没有人能帮我。"理查德再次感到他无法保护自己和他关心的人，折磨他的人偷走了他的鞋子，偷走了他的立足之地。

我们再来看另一个案例。艾伦（Allen）是位急诊科医生，他梦到自己和其他年轻的男子一块儿射箭，他们都成功射中了靶心，他也得这么做，但没有人告诉他该怎么射或是射向哪里。最后，他确实射出了那把箭，但他不知道自己是否射中了目标。然后场景切换了，他来到了一个都是鳄鱼的沼泽地里。有条鳄鱼想要将他拉下去，他正试图与之搏斗。他充满了恐惧，最终设法逃脱并到达一个暂时安全的泥滩上。显然，艾伦内心渴望的是一个过渡仪式。他看到其他年轻人都已经渐入佳境，但却没有长者来指导他。他甚至不知道自己的目标是什么，以及他努力的方向是否正确。因此，他陷入了泥潭，这是无意识的强大象征。没有父亲的帮助，艾伦深陷母亲情结的泥潭，眼看着就要堕入深渊。尽管他爬上了一个泥滩，但他也只是暂时安全。

　　值得注意的是，这两个男人的职业在文化上都赋予了他们相当大的权力。但他们在面对男子气概的考验时，却都感到害怕和不够格。他们渴望别人能帮助他们越过鸿沟；他们遭受了创伤，却没能得到启示或蜕变。男性成年仪式的缺失一直萦绕在他们的梦中，同样也困扰着大多数男性。再次强调，只有忠于内在生活，如尊重自己的梦，无论梦所传递的消息多么令人不快，他们才能真正地意识到自己恐惧的秘密。

　　由于缺乏过渡仪式，男性开始质疑自己的男子气概。他们觉得无论自己如何严密地构建防护栏，总会有人打破防线，羞辱甚至摧毁他们。又或者，生活的游戏规则会突然改变，让人觉得无能为力。因此，就有了这种双重束缚：要成为一个真正的男人并证明这一点，但由于规则的不断变化，你都不知道该如何进行这场游戏。一旦你认为自己已经"成功"了，规则又会改变，总有人会比你更出色。这种变幻莫测的男子气概的定义迫使男人诉诸表面，根据集体标准如薪水、汽车、房子、社会地位来定义自己。

男性脆弱的心灵受到了严重的伤害和轻视。从历史上看，他们已经习惯了传宗接代、保护家庭，并根据自己的生产力来定义自己。但这些很少或是根本无法真正体现他的灵魂、个性和他的独特之处。在这样的环境中，男人的命运注定是场悲剧，他们无法获得平静，很少能根据自己的内心信念行事，很难退出这场残酷的游戏。即使他们赢了，也是以失去灵魂为代价。

因此，现代男性重述了一个古老而永恒的神话——受伤的费雪国王阿姆夫特斯（Fisher King Amfortas）的故事。阿姆夫特斯这个名字来源于法语"enfertez"，意为"虚弱"。这个故事有很多版本，从中世纪的圣杯传说到罗伯特·约翰逊的《他：理解男性心理学》（*He: Vnderstanding Male Psychology*），说法各异。但故事的核心都是，阿姆夫特斯的大腿或睾丸受到了严重的创伤，总之就是代表他男性特质的部位受伤了。除非他找到圣杯（中世纪象征灵魂的容器），否则这个伤就永远不会愈合。尽管现代男性拥有了城堡，车库里停着豪车，墙上挂满了职业成功的证明，但他仍能感受到自己内心的空虚和痛苦，这就是他们不会愈合的伤口。不管他拥有多么壮观的城堡，走在城垛上的他仍感到焦虑，因为他知道自己是空虚之主，他的领地是情感荒原。

这一反复出现的神话主题在 20 世纪伟大诗篇——艾略特（T.S.Eliot）的《荒原》中隐约可见。伦敦，这个商业和人造建筑中心、游戏中心，被描述为：

> 虚幻的城市，
>
> 在冬日黎明的褐色雾中，
>
> 人群涌过伦敦桥，如此之多。
>
> 我从未想过，死亡毁灭了这么多人。[1]

在高峰时段，艾略特看到的不是生命的活力，而是精神上的死亡。因此，他讽刺性地引用了但丁六个世纪前步入"地狱"时所说的惊世骇俗的话："我从未想过，死亡毁灭了这么多人。"如果男性创造并服务的世界并不能服务于他们，那么他们就是灵魂荒原中的亡者之一。正如约瑟夫·坎贝尔所解读的：

> 荒原……是任何一个世界，在这个世界中……不是爱而是力量，不是教育而是灌输，不是经验而是权威，在生活的秩序中占据主导地位。而其中强制执行

1　艾略特，《荒原》（"The Wasteland"），第 60-63 行，《诗歌与戏剧》（*The Complete Poems and Plays*），第 39 页。

和被迫接受的神话和仪式，与他们实际内在的认知、
需求和潜能毫无关系。[1]

当外在神话与内在真理发生冲突时，人的灵魂就会受到伤
害。男性当然也怀疑，获得物质上的成功和权力地位并不能给
他们带来内心的平静，但他们害怕走出来，因为这是他们眼下
所知道的唯一的游戏。因此，创伤并没有给他们带来新的愿景，
也没有愈合，只是持续溃烂。

在一个短篇故事中，德尔摩·施瓦茨（Delmore Schwartz）描
述了一个年轻人的故事，他在 21 岁生日的早上，梦到自己在一
个剧院里。令他惊讶的是，他在银幕上看到他的父母相遇和告
白的场景。当他观看这部电影时，他意识到他们正在犯一个可
怕的错误，这个错误最终会导致他的诞生。他站起身来，大喊
这部电影必须停止放映。服务员走了过来并警告他："即使没有
其他人在场，你也不能这样大喊大叫！如果不做你应该做的事，
你会后悔的，你不能这样继续下去，很快你就会明白的。"[2]

因此，这位青年，在即将迈入成年人的世界时，他看到了
自己即将承担塑造家族神话的重担。他在未出生前就拒绝了他

1　约瑟夫·坎贝尔，《上帝的面具：原始神话》，第 388 页。
2　德尔摩·施瓦茨，《责任始于梦中》（"In Dreams Begin Responsibilities"），《世界
是一场婚礼》（*The World Is a Wedding*），第 78 页。

的父母，也就是拒绝了未来作为他们的孩子的生活。许多男性都默默地承受着悲伤和愤怒，因为他们的形象，经过家族和文化期望的塑造，并不是他们真正的灵魂所向。

外在形象与内在真理之间的冲突为男人创造了一个无解的困境。穿灰色法兰绒西装的男人、企业组织里的男人、团队里的男人——都代表着巨大的压力，需要顺从且扭曲灵魂，与女性的遭遇别无二致。这种身体和精神上的碰撞，以及在理智的头脑中的碰撞，产生了另一个有关男人的公开的真理：男性的生活是暴力的，因为他们的灵魂受到了侵犯。

男性的暴力常见于随机谋杀和强奸行为，也常通过心理传染，如暴民行为和战争爆发。深入探索任何一个男性，很快就会发现他们内心不仅有那片泪湖，还有一座充满愤怒的火山，从童年开始积累的怒火，缓慢地向表面移动，随时准备爆发。

我曾遇到一名男子，他父亲的身体健康每况愈下后，他便接管了父亲的管道修理事业。他每周工作 60 个小时，40 年如一日，他赡养了父母，让他们的物质生活得到一定的满足后，安然离世。之后，他抚养了两个儿子，使他们免受萨图尔负担的折磨，用杰拉德·曼利·霍普金斯（Gerard Manley Hopkins）的话说："一切都被贸易烙上了印记；劳动模糊了、弄脏了；分享着人类的污点和气味。"[1] 经过这样的保护，他的儿子们都留在了家里，依赖他且受到十分苛刻的要求。稍有挑衅他就会爆发，充满愤怒，对他可怜的妻子大喊大叫。他的愤怒是长年累积起来的，来自于他一生都牺牲了自己的生活，奉献于家人和萨图尔。但他遵守了神圣的文化价值观：照顾父母，供养家庭，给予孩子更好的生活。他做了他应该做的一切，除了过属于自己的生活，因而他充满愤怒。

我认识的另一个男人把他的一生都奉献给了国际和平的建设。他是一位谈判专家，四处游历，同时也是一个知名冲突解决智囊团的负责人。我从未见过他生气，他也从未提高过嗓门说话。起初，我很好奇究竟什么事情才会让他愤怒。后来，他告诉我，他每个月都受到偏头痛的折磨。他把所有合理的、真实的愤怒都转向了内心。他攻击了唯一一个其理智允许攻击的人——他自己。

某个星期一的早高峰，和其他所有通勤的人一样，我被困在了费城——这是一个大家都很难快速移动的交通堵塞。在马路交叉口，有两个男人从昂贵的车里下来，穿着西装打着领带，尖叫着朝对方挥出了拳头。我怀疑生活中所积压的愤怒就足够

1　杰拉德·曼利霍普金斯，《上帝的伟大》（"God's Grandeur"），收录于《诺顿诗选》第 855 页。

他们在此时发泄了，更不用说他们各自办公场所里要面对的事情了。

　　同样，每次观看费城鹰队的橄榄球比赛时，我总是很紧张。在停车场，尤其是在比较便宜的座位上，过路人的生命都随时处于危险之中。很多男人，由于啤酒和大麻的刺激，彼此斗殴或袭击任何挡在他们面前的人。在一场比赛中，我和女儿统计了一下，在我们球场区一共发生了16场斗殴事件。另一次，由于我们把车停在了某些醉汉的车的附近，我和妻子受到了直接的威胁。还有一次，在一场老鹰队（Eagles）对红人队（Redskins）的比赛中，有个老人打扮成美国原住民，他因此在体育场内惨遭殴打，后来又在体育场外再次遭到殴打。出于某种原因，他表示自己再也不想访问这个兄弟之城了。

　　这些例子说明了什么？对于那些年轻的球迷来说，比赛前一周就是萨图尔的轮回，沉闷压抑的工作，一成不变的低薪，戏剧化的暴力场景，以及酒精的催化——这些都是完美释放愤怒的毒药。他们对自己似乎注定要扮演的角色感到愤怒。由于他们无意识的母亲情结，他们也对女性感到愤怒。每个人都对作为男人而感到愤怒，不知不觉中发泄着愤怒——

　　　爬上高楼、踢球，在这个充满仇恨的城市里殴打兄弟。

　　……因为绳子震颤，显示出下面的黑暗，他们在睡梦中
嚎叫。

　　炫耀的人感到恐惧。[1]

　　这些工薪阶层的年轻人很可能会永远被困在命运的轮回里。
他们会殴打女人，喝酒来掩盖痛苦，互相猜疑，孤立对方，充
满恐惧。他们那些受过更多教育，或是拥有更多特权的兄弟或
许会取得社会层面的成功。但他们坐在租来的豪车里，穿着高
档的西装，住着酒店套房，也只是屈服于权力，这个他们唯一
知道的幼稚游戏。

　　由于愤怒过分强烈，而他们又不能真实地表露出来，以免
感到羞愧，大多数现代男人进一步陷入自我孤立。因此，他们
将愤怒的矛头转向了自己。他们吸毒、酗酒或是锻炼到筋疲力
尽。他们必须到达一个感受不到痛苦的地方，一个他们可以放
慢脚步的地方。他们中许多人都是工作狂；工作让他们不用面对
内心女性意象的要求。工作耗尽了他们的精力，直到他们可以
光荣地因为疲惫而倒在床上。即便不是治疗师，相信你们也知
道，内化的愤怒可能会体现为身体疾病或心理抑郁。由于压力

1　德尔莫·施瓦茨（Delmore Schwartz），《沉重的熊》（"The Heavy Bear"），收录
于《诗歌导论》（*Modern Poems: An Intorduction to Poetry*），第 309–310 页。

是可以衡量的，大众心理学便充分利用了这一点，即使只是表面的，也教授大家进行压力管理。心脏、血压、胃和头痛的病症都是压力的产物。寿命的缩短难道不也是一种病症吗？

想想那些天花乱坠的啤酒广告，经过一些非常聪明的家伙的精心设计，展示了男人们在伐木营地或摩天大楼里携手劳作的场景。然后，"啤酒时间到！"他们就去了当地的酒吧，享受"欢乐时光"，在内心金发或棕发的女性意象的陪伴下，感受那一天未曾感受到的东西。广告公司设想的酒精天堂里，有多么快乐的一群兄弟——安全、自由且得到了男性社群的支持。但事实是，他们也是那些"像圣诞节一样，被扼住了咽喉"的男人。菲利普·拉金（Philip Larkin）在诗中说，在心脏停搏之前，他们的心已经遭受了长时间的攻击。他们的孤独就像长跑者的孤独。

萨图尔酷刑之轮永不停止。每个男人都被绑在上面，他们的创伤没有激发他们的意识或给他们带来智慧，只是带来了毫无意义的痛苦。工作的麻醉作用，毒品的麻木效果，对孤独的恐惧，无论是化学成分的还是意识形态的——所有这些都是没有任何转化意义的创伤，如此野蛮、没有灵魂的创伤。

的确，男性需要创伤来帮助他们摆脱母亲情结。但同时，也需要有这些伤口来促使他们成长。现代男性孤独地承受着创伤带来的痛苦，但他的反应困扰并伤害了他周围的人。他必须先承认自己所携带的伤口，毕竟这些伤口每天都在侵蚀他的生活，这样才有可能治愈自己或帮助这个世界。

第四章

CHAPTER 4

对父亲的渴望

所有意象都具有双重性，深刻的意象才能表达现实的双重特性。承认并维持对立的张力是荣格心理学的基本原则。片面性会导致扭曲、堕落以及神经症。举个例子，母亲的原型表达了自然的双重面貌——给予和夺取。伟大的母亲代表了既可以孕育（怀胎）又可以摧毁（毁灭）的生命力量。正如迪伦·托马斯 (Dylan Thomas) 所说的："通过绿色导火索催开花朵的力量……是我的毁灭者。"[1]

同样，父亲的原型也具有双重性。父亲给予生命、光明、能量——难怪在历史上父亲一直与太阳联系在一起。但父亲也可以意味着灼伤、消耗、压垮。原始的思维将太阳作为能量的中心，作为赋予生命的原则，从而进化出了天父上帝，他用大地之力为地球的女性和孕育提供了能量。父权制取代了对大地母亲的崇拜，转向崇拜天父（与基督相关的光环是父亲太阳光环的遗物，而与母神相关的蛇在创世纪中被新兴的父权制抛弃了）。当与父亲相处的经历是积极的时，孩子会感受到力量与支持，激发自身的潜力，并体现在外部世界。但当对父亲的体验是消极的时，脆弱的心灵就会被压垮。

1　迪伦·托马斯，《通过绿色导火索催开花朵的力量》（"The Force That Through the Green Fuse"），收录于《诺顿诗选》，第 1176 页。

　　用一个现代的比喻来说，孩子的心理充满了一系列可能性，是一个由父母的肯定和榜样而形成的数据库。通过母亲，他可能会体验到世界是一个提供滋养和庇护的存在；从父亲那里，他可能会得到赋权，进入世界，为他的生活而战。当然，母亲也可以赋予他权力，父亲也可能提供养育，但在原型层面上，他们各自扮演着特定的角色。母亲还激活了母亲情结，一个必须被转化和超越的情结，以免他保持孩子般的依赖。他必须离开母亲的世界，进入父亲的世界。所有的神话都是对两大神话主题的某种变体：母亲的神话是个伟大的轮回，从死亡到重生，永恒的轮回；而天父的神话是探索，从天真到世故，从黑暗到光明，从家庭到地平线。每个神话的循环都必须完成。

　　当父母未能充分塑造其在孩子心中的父母形象时，孩子便会终身受到这一缺憾的影响。他渴望某种缺失的东西，就像因为缺乏某种维生素而渴望某种食物一样。他无意识地向他人寻求自己心灵中休眠的能量。例如，他可能将养育的角色强加给妻子，并对她不像母亲那样照料自己感到愤怒，尽管他能意识到自己并不希望妻子成为母亲。或者，他可能放弃个人发展，去为另一名男性服务，在无意识中寻找失落的父亲形象。他可能对父亲未能成为一名合格的父亲，或因为文化上父亲的缺失而充满愤怒，或是为这失落的父亲悄悄感到悲伤。

我们在前两章花了大量的时间来探讨母亲情结在男性生活中的力量，但我们必须承认，由于父亲形象未被完全激活，这种力量变得更加强大。抛开其他不谈，父亲必然是孩子与父母三角关系中的第三个顶点。无论他是物理上还是心理上缺席，都会导致母亲力量的失衡。或者，如果父亲过度受到自己的母亲情结的影响，以家庭权力经纪人的方式粗鲁地、压抑性地经营这个家庭，他同样无法为孩子提供一个正确与内心女性意象和解的范例。传统的"父亲至上"的家庭模式过于片面，并不属于健康的家庭关系。但在我们成长的过程中，我们也很少能看到父母平等、民主地对待对方，彼此实现平衡、支持与互补。

在《寻找我们的父亲》（*Finding Our Fathers*）一书中，萨姆·奥舍森（Sam Osherson）引用了一项广泛的研究。研究指出，只有17%的美国男性与他们的父亲保持积极的亲子关系。大多数情况下，父亲或去世，或离婚消失，或滥用药物，或在情感上缺席。如果这个惊人的统计数据接近事实，那么大自然的某个关键平衡已经发生了巨大和悲剧性的变化。罗伯特·布莱（Robert Bly）断言，自工业革命以来，父子关系是所有关系中受损最严重的。[1]

1　罗伯特·不莱，《钢铁约翰：一本关于男人的书》（*Iron John: A Book About Men*），第 19 页。

　　因此，困扰男性灵魂的第七大秘密就是：每个男人都深深地渴望父亲和部落之父的引导。

　　当父亲和儿子不再一起在田野上劳作，不再一起从事手工制作；当全家离开故土迁移到城市务工；当父亲离开家去工厂和办公室工作时，儿子被留下。再也没有共同的劳动，再也没有手艺的传承，再也没有男孩与父亲的羁绊。父亲从水深火热的流水线或办公室成堆的文书工作中离开，拖着疲惫的身体回到家。也许他在回家的路上喝了几杯。詹姆斯·乔伊斯（James Joyce）讲述了一个有关父亲的故事，这个父亲有一天被他的老板辱骂，被朋友嘲笑，还被一个女人拒绝后，他走进家门，"毫无理由地"打了他的儿子。那一天他灵魂的屈辱都转嫁给了他唯一还能凌驾其上的人。[1]

　　父亲们经常带着沮丧和疲惫的心灵回家。当他们强烈地感受到来自萨图尔的压迫时，他们很难为儿子塑造一个积极的男性形象。男性责怪父亲并没有任何意义，因为他的父亲可以责怪他的父亲。这个因果链条可以追溯到工业化和城市化的源头。当部落被吸收进更大的社会时，男性与男性之间的传递机会几乎也随之消失。我们几乎无法回归部落，尽管男人运动的一个

1　詹姆斯·乔伊斯，《一对一》（"Counterparts"），《詹姆斯·乔伊斯精选集》（*The Portable James Joyce*），第 97-109 页。

显著特征就是试图通过击鼓、吟唱，以及分享他们的故事来重现部落的感觉。

当然，激活积极的男性形象的想法是好的，男性之间的联谊也确实有助于实现这一目标。但大多数男性永远不会有这样的机会，即便有，团体经验的影响也难以持久。父亲内心无法触及的东西，自然也无法传递给他的儿子。而在当今社会，我们也不可能在公司董事会或教会中寻找"部落之父"。因此，所有男性，无论他们是否知道，都渴望拥有真正的父亲，并为父亲的缺失而感到悲伤。他们渴望父亲的体魄、力量以及他的智慧。

文学作品中充满了年轻人寻求内在男性原则觉醒的探索。弗兰茨·卡夫卡（Franz Kafka）的短篇小说《审判》（"The Judgment"）[1] 就是一个很好的例子，其中个人父权情结扩展到了对犹太族长，甚至对耶和华的矛盾情感——既严厉苛求，又难以触及。

在《审判》的故事中，一个年轻人的一举一动都在他父亲的眼皮底下进行。他暗中和一个俄罗斯男性朋友通信（对于出生在布拉格的卡夫卡来说，20世纪初的俄罗斯对他来说有点像我们19世纪的"西部荒野"，一个象征着冒险的土地）。那位朋友

1　弗兰茨·卡夫卡，《在流放地》（*In The Penal Colony*），第49-66页。

催促年轻人加入他的旅程。显然，这个年轻人渴望冒险，渴望接受离家探索的挑战。但他的父亲发现了这些信件。他对儿子说："我判你死刑。"儿子顺从地穿过城市……走过一座桥，在故事的结尾，他跳进河里结束了自己的生命。

这个结局震惊了很多读者。但正如奥登（W.H. Auden）所说，卡夫卡与我们这个时代的关系就像但丁与他的时代一样[1]，他是个无与伦比的寓言作家。卡夫卡的故事是他写给秘密自我的信，是为了逃避严厉父亲和压抑的传统而写的，尽管死亡似乎是摆脱严峻压迫的唯一出路。父亲是如何、基于何种权威，甚至是出于什么动机，对他的儿子产生如此大影响的？就像在古典神话中，看到美杜莎的脸会让人变成石头，《审判》为我们描绘了消极父亲情结的力量。这种萨图尔的阴影完全笼罩在儿子的心灵上，并摧毁他。儿子试图通过与朋友交往获得积极的男性体验，但父亲却不知为何将其视为敌对，并切断了儿子唯一的逃生希望。这种情结具有十分强大的力量，摧毁其精神，熄灭其生命之火，并将他投入无意识的湮灭之水。因此，父亲没有给儿子带来光明，而是带来了窒息的黑暗。

这样消极的父亲形象建造了布莱克所说的"黑暗魔鬼般的

---

1 奥登，《染匠之手》（*The Dyer's Hand*），第 159 页。

磨坊"[1]。他们还建造了奥斯威辛集中营，创造了傲慢的神学，将人们烧死在火刑柱上，用车轮压碎他们。他们创造了一个没有光明、没有灵魂的钢铁世界，当儿子伸手求生时，他们会粉碎并摧毁他们。

关于寻找父亲，纳撒尼尔·霍桑（Nathaniel Hawthorne）的《我的亲戚，莫利纳上校》（*My Kinsman, Major Molineux*）为我们提供了另一个完全不同的例子。一个名叫罗宾（Robin）的年轻人出发去波士顿追寻名利，他希望得到亲戚梅吉尔·莫利纳克斯的帮助。天真无邪的他迷失在了这座迷宫般的城市里，就像他纠缠的心灵一样。他到处询问他的亲戚在哪里，却惊讶地发现波士顿人都对这个名字避之不及。他不知道一场革命正在酝酿，而他的亲戚是一个受人憎恨的保皇派官员。夜幕降临，他的信心和意识也随之消减，他被涌动的、喧嚣的人群裹挟，很快，他也跟着人群狂呼起来。这时，他才意识到自己找到了他的亲戚，一个浑身涂满了焦油和毛絮，破碎而无助的老人，而非能给予帮助的父亲。罗宾对自己身上的暴力倾向感到震惊，意识到他必须在这个世界上自谋生路。

霍桑的故事反映了一个年轻人对父亲形象的需求：一个能

1　布莱克，《远古的脚步》（"And Did Those Feet"），收录于《诺顿诗选》，第 510 页。

够帮助他从母亲情结过渡到更具权力的男性世界的导师。但是，就像大多数现代男性一样，罗宾并没有找到他需要的导师。他只找到了一个同样受伤的男人和自己内心的黑暗，从此他必须有意识地战胜这种黑暗。罗宾发现，没有父亲的帮助，只有那群丧失理智的人。最后，他只能靠自己。我们可能会回想起在20世纪30年代投射到希特勒身上的巨大阴影。希特勒青年团中充满了渴望激活内在英雄的青年。他们响应了对理想、牺牲和社群认同的召唤。约翰·肯尼迪对青春理想主义和英雄需求的吸引则是一个更为正面的例子。

在约瑟夫·康拉德（Joseph Conrad）的中篇小说《秘密分享者》（*The Secret Sharer*）中，我们可以看到一个关于寻求男性帮助的更为积极的例子。故事的主人公是一位年轻的船长，正在海上执行他的第一个指挥任务。他感到十分紧张和不安，试图与船员搞好关系，但船员们立刻嗅到了他的恐惧，并在背后嘲笑他。由于他只知道成为朋友或暴君的相处模式，这两个极端都削弱了他的指挥权。一天夜里，他在甲板上踱步，看到海浪里有人，于是将其拉上船。他本能地认为自己应该庇护这个被自己救下来的男人。后来，有另一艘船靠近，他们正在寻找一个杀害了船上同伴的男人。尽管船长有义务遵守和支持海洋法，但这位年轻的船长还是掩护了这位神秘的访客。

他从海里救起的那个男人似乎具有年轻船长所缺乏的所有品质。他实际上是船长的影子、分身或者说是双胞胎。在故事的结尾，年轻的船长在受到逃亡者的心理影响后，通过一系列复杂且危险的操作，安全地将那人送上岸。通过这次行动，船员们开始尊重这位年轻的船长，因为他显然已经理解并展现了行使指挥权所必需的道德权威。

年轻的船长需要的不是在海军学院里学到的那些知识，而是他内在的力量，内在的权威。这位神秘的访客代表了他自己内在的潜力。他们共同揭示了一个秘密，那就是外部的权威必须来自内部。这种秘密共享的过程就是所有男人都需要的指导。由于他们很少能够感受到自己内部的权威，男性必须终身依靠他人，或用外在权力来弥补内在的软弱。在卡夫卡的故事中，消极的父亲压垮了孩子的精神，霍桑的故事里的导师也是个令人失望的角色，与之不同的是，康拉德的故事描绘了父辈指导积极的一面。

所有的儿子都需要从他们父亲那里得到一些东西，尤其需要父亲告诉他们，他爱他们并接受他们本来的样子。[1] 很多男性

---

1 作为一名治疗师，我很少见到比缺乏父亲的爱和赞许更痛苦的事情。这种痛苦在男同性恋中最为明显，因为父亲缺乏对身份的认同，他们将儿子拒之门外甚至抛弃了他们。

之所以扭曲了个体成长的旅程，是因为他们没有得到父亲的认可。因此儿子们自然地认为他们必须改变自己，扭曲自己的天性，以此来赢得父亲的赞许。满足父亲的期望是他们常常用以赢得认可的方式之一。有时候，他们一生都在从别人那里寻求这种认可。或者，由于缺乏父亲的认同，他们会将这一缺失内化为对自己的解读："如果我有价值，我就会得到他的爱。既然没有，就说明我不值得得到他的爱。"

我记得有个男人快 40 岁了，多年来他都怀着深深的羞愧感和自卑感。当他的父亲因肺气肿奄奄一息时，这个男人问："我们为什么这么不亲近呢？"这个或许还剩 48 小时生命的父亲，回答他说："还记得你 10 岁的时候吗……那次你把一个玩具弄进了马桶，我花了一整天的时间才把它弄出来。"他接着讲述了许多类似的事情，但都是些琐碎的小事。儿子离开医院时意识到，父亲给他的唯一的馈赠，就是证明自己的儿子是个疯子。近 40年来，儿子一直以为是自己不配得到父亲的爱，只有在这次临终谈话后，儿子受伤的自我形象才开始痊愈。

儿子们还需要观察父亲的处世方式。他们需要父亲向他们展示如何生活在这个世界上，如何工作，如何面对逆境，如何正确处理内在与外在的女性关系。他们需要父亲外在的榜样和直接的认可来激活其内在固有的男子气概。告诉一个男孩子不准哭，不要做娘娘腔，那样只会导致他进一步自我异化。向他展示如何诚实地面对自己的情感，跌倒了如何再次站起来并重新回到战斗中，即他们必经的伤害，这才是每个儿子所需要的。他需要有人告诉他，害怕是人之常情，但即使在害怕的时候，一个人还是应该过好自己的生活，走好自己的人生旅程。

　　儿子需要父亲告诉他们生活在"外部世界"需要知道哪些东西，以及如何诚实地生活；儿子还需要看到父亲，作为一个鲜活的人，如何生活、奋斗，如何经历情感、挫折、失败，然后再重新站起来。如果儿子无法看到父亲如何诚实地度过他自己的人生旅程，儿子就只能在别处寻找范例了，或者更糟，他将在无意识中经历他的父亲未走过的旅程。这与荣格的观点完全相符，即孩子必须承受的最大的负担，是父母未曾活出的人生。关于这个主题，我引用里克尔（Rilke）的诗来阐述：

> 有时，一个人在晚餐时站起来
>
> 走到屋外，一直走下去，
>
> 因为在东方某处有一座教堂。
>
> 孩子们对他说祝福的话，好像他已死去。
>
> 而另一个人，他留在自己的房子里，
>
> 待在那里，消耗在碗碟和杯子里，

　　　　这样，他的孩子们就得远走他乡，

　　　　走向那座他所遗忘的教堂。[1]

　　里克尔所指的教堂强调了这一旅程的神圣性。就像卡夫卡一样，出生在布拉格的里克尔会将"东方"视为边疆。其中一个父亲踏上了自己的旅程，尽管这样做很痛苦；而在另一种情况下，父亲留在家中，充满恐惧，因此他的孩子们必须充分补偿其未尽事宜。

　　当然，父亲的旅程不一定非得是字面上的离开，但每个男人都必须通过某种方式脱离群体，脱离对安全感的追求，以及摆脱母亲情结，才能成为自己。如果他无法穿越密集的森林去开辟自己的道路，他就会成为阻碍儿子旅程的一种心理纠葛。

　　父亲也可能只是个肉体的存在，但在精神上缺席儿子的人生。这种缺席可能是因为死亡、离婚或无能，但更常见的是沉默，或是无法传递他自己也未获得的东西，因而象征性地缺席。父亲的逃避意味着父母—子女三角关系的平衡被打破，母子关系承担了不成比例的重量。即使母亲再有善意，她们也无法代替父亲，给予儿子男性的引导。如果没有父亲把儿子从母亲情

1　赖纳·马里亚·里克尔（Rainer Maria Rilke），《赖纳·马里亚·里克尔诗选》（*Selected Poems of Rainer Maria Rilke*），第 49 页。

结中拉出来，儿子仍然停留在男孩的状态，要么陷入依赖，要么压抑内心的女性意象，用硬汉的态度束缚自己。他的恐惧和困惑因此成了他必须掩盖的不利因素。未经启蒙的男性隐藏创伤、渴望、悲伤，对自己感到陌生。

这份渴望，这种对启蒙男性的吸引，正是男性运动的显著特点。像罗伯特·布莱、迈克尔·米德（Michael Meade）、萨姆·基恩（Sam Keen）和詹姆斯·希尔曼这样的发言人，抛开他们所说的内容，他们从某种意义上来说更象征着充满智慧的长者。罗伯特·布莱对童话故事《钢铁约翰》（*Iron John*，格林童话中又称"铁汉斯"）的分析成了《纽约时报》畅销书排行榜第一名，这个结果令人惊讶，书中采用了许多非常规的概念，尽管这本书并不容易读懂，但它古老的主题还是得到了市场的迅速响应，这说明它是现代男性与原始男性关系一个很好的范例。

《钢铁约翰》的故事始于一个消失在森林里的猎人。从心理学上来说，这意味着无论一个人的意识中心看起来有多么强大，总会有弱点。能量正从有意识的生活中被剥夺。调查发现一口井里（即深层的原型世界）有一个野生的钢铁生物，它随即被打捞上来。由于意识受到明显的力量的威胁，钢铁生物立即被关入笼子。但王子，代表着王国未来发展的年轻人，将他的金球——代表他完整心理的象征——扔进了钢铁约翰的笼子里。

　　钢铁约翰告诉这个男孩，如果释放了他，他就会归还金球。但是笼子的钥匙在他母亲的枕头下面。他不能向母亲讨要那把钥匙，因为母亲不会给他这种自由，她不希望儿子长大后离开她。男孩后来偷了钥匙并打开了笼子。钢铁约翰带着他一起逃走了，他们经历了一系列有象征意义的、变革性的冒险。母亲的担忧是正确的，因为儿子确实离开了她；他成长为一个男人。当然，他的行为对母亲或是对国王——他的父亲，都没有敌意，这就是必要的启蒙。在故事的结尾，年轻人不再需要钢铁约翰的帮助，因为他已经内化了那种力量。

　　这个故事的重要性在于，它为我们这个时代的男性启蒙提供了一个有益的模型。男孩必须在心理上离开家才能长大。父亲对此毫无帮助，因为他也害怕那种男性原型的力量；母亲则会紧紧抓住孩子，保护他免受伤害，即使这是唤醒其意识的必要的伤害。幸运的是，孩子可以在原型层面接触到其内在的男性形象。就像大多数当代男性，他必须绕过自己的父亲，推翻母亲情结诱人的独裁，寻求更深层次、真实自我的觉醒。男性能够在这个过程中，在相关神话和传说中，以及在现代电影中，产生共鸣。当这个年轻人在外部世界遭受了创伤，但最终取得胜利返回王宫时，他便能够认可公主是他外在的新娘，同时也接受其内心的女性意象。当与其内在的原始男性达成一致时，他也就能够接纳其他女性。

许多女性对男性运动和"钢铁约翰"现象表示担忧，她们担心这种话语权会成为男性重新回到过去——那个压迫女性且经常施以暴力的过去的理由。但她们混淆了赋权与侵略的概念，历史上许多男人也曾将二者混为一谈。为男性赋权是希望他们能够意识到他们有权做自己，不必为此感到羞愧或怀有歉意，没有了大男子主义的虚张声势，或过度补偿自我，男性就不会对女性或其他男性表现出敌意和侵略。这样的男性不再需要任何证明，因为他已经通过了考验，被证明是有价值的。

女性群体还批评了布莱等人排除了女性，忽视了父女关系。这种指控确有道理，也许随着时间的推移，男性或许会在未来关注并解决这个问题，而某些女性已经在做这件事了。[1] 但目前，男人最紧迫的任务似乎是从彼此那里尽可能多地学习关于男性的知识。同样，女性也正想方设法地向智者学习如何成为女人。无论男女，当他们能够与自己和谐相处时，男性与女性的相处可能也会更加和谐。

一名年轻男子在静修后写下了自己的体会：

1　可参考琳达·伦纳德（Linda Leonard）的《女性的创伤：改善父女关系》（*The Wounded Woman: Healing the Father-Daughter Relationship*），以及玛丽昂·伍德曼（Marion Woodman）的《完美上瘾》（*Addiction to Perfection*）、《怀孕的处女》（*The Pregnant Virgin*）和《离开父亲的家》（*Leaving My Father's House*）。

我是古老的红、橙和黄。

我是动物人，你的兄弟。

穿过松柏和棕榈

我学会了如何看

各式各样的奇迹

贯穿伟大的和平。

森林里有鼓声

风中有长笛声。

我看到男人们手拉手

作为兄弟和朋友。

继续击鼓吧，我的兄弟们

感受任何一次心跳。[1]

显然，这位作者感受到了内心深处某种东西的觉醒，原始的半羊人潘神，就像钢铁约翰一样，象征着失落的男子气概。

另一位对现代男性创伤有深刻理解的作家是荣格派分析师尤金·莫尼克（Eugene Monick）。在《阳具：男性的神圣形象》（*Phallos: Sacred Image of the Masculine*）一书中，莫尼克指出，个人父亲的权力剥夺对原型和个人层面都造成了伤害。那些内

1　蒂莫西·霍利斯（Timothy Hollis），《潘之歌》（"Song to Pan"）。

心怀疑、感到无助的无意识的男人，创造了父权制，这种制度压迫其他男人，强奸女性，掠夺自然。在西方，父权制已经盛行了大约 3000 年，它是一种内在软弱的补偿。当男人缺乏积极的同性身份认同时，他们就会挥舞长矛、诉诸火箭和摩天大楼。站得笔直些，手拿大棒；或许就没人注意到你有多么渺小了。莫尼克的观点及时地提醒了我们，阳具（Phallos）不要与阴茎（Penis）混淆——是一种原型力量，其中衍生出男性灵魂的坚韧和广阔。

在《阉割与男性的愤怒：阳具之伤》（*Castration and Male Rage: The Phallic Wound*）这本续作中，莫尼克认为，男性因为世界破坏了他们的身份认同感而遭受"阉割"。这种情况具体体现在过度的补偿和夸张的权力情结（如唐纳德·特朗普以自己的姓氏命名赌场，华尔街的丑闻及商业帝国的迅速崛起和随后的衰落），以及经常向外部发泄愤怒中。男性的无力感还体现在他们的胆怯和羞愧之中。我曾遇到一个患者，他从小就被父亲虐待，因此他几乎不敢直视我，唯恐我会像他父亲那样羞辱他。关于这一点，莫尼克的观点与我一致，他曾断言男性的首要敌人是恐惧，对女性的恐惧，以及对被其他男人伤害的恐惧。父权制就是对这种恐惧的补偿，它以权力代替爱，以物质来衡量价值，它崇拜的不是神明，而是自己的勃起。[1]

在《国王、战士、魔法师、情人：重现成熟男性的原型》
（*In King, Warrior, Magicion, Lover: Rediscovering the Archetypes of the Mature Masculine*）中，罗伯特·摩尔（Robert Moore）和道格拉斯·吉莱特（Douglas Gillette）认识到，父权制一方面代表着情感的不成熟，另一方面他们试图梳理出四种男性的原型。这四种原型各有积极和消极的一面。

国王代表男性的执行功能，掌控权力和决策的能力。当国王感受到自己的无能时，其阴暗面就是狠毒的权力。他试图通过控制他人来弥补自己的缺陷。他的怒吼咆哮和盛气凌人、象征权力的丰盛午餐以及奢华的汽车实际上都是软弱的体现，他太害怕了，因此根本不敢自省。因此，拥有国王原型的男性必须意识到这一点，否则会更容易受到父权制的控制。

战士代表男性的一种迫切的需求，为他的追求、为正直、为某种事业或为正义而战的需求。战士的阴暗面是毁灭者。我们有多少血淋淋的历史都拜这类男性所赐：他们无法为自己的真理而战，或者实际上根本不存在真理，他们将愤怒投射到他人身上并屠杀他们。所有的战争都是内战——男人与其兄弟的战争。

1　参见詹姆斯·威利（James Wyly）的《阳具探索：普里阿普斯与男性膨胀》（*The Phallic Quest: Priapus and Masculine Inflation*）。

魔法师是变革者的原型，代表男性具有移山填海、适应变化、解决问题的无穷力量。正如索福克勒斯于 2500 年前所指出的："世间奇迹多不胜数，最奇妙莫过于人。"[1] 驾驭波涛汹涌的海洋、在山川间修建道路、从灵魂深处创作了第五交响曲的人，是大自然奇迹的创造者。然而，魔法师的阴暗面是控制、操纵、戏法和骗术，不可信赖。魔法师象征着伦理道德的界限，所有男人都走在其边缘，创造奇迹与把世界当作一场欺诈游戏，二者仅一线之隔。

情人也走在一条微妙的平衡线上——介于爱欲（相互联结的力量）与自恋（自我满足的需要）之间。男人的仇恨是有据可查的。但令人欣慰的是，他们也充满爱。他们的爱更加遥远，于是有了《神曲》（Commedia）；他们敬爱神明，于是写了《荣耀之歌》（Ad majoram gloria Dei）；他们热爱同胞，于是写下了《战争与和平》（War and Peace）；他们疼爱妻子和儿女，于是不惜出卖身体与灵魂，用辛勤的劳动来支持他们；他们爱同性的兄弟，于是在他们死于艾滋病之前照顾和安慰他们。但这种爱一旦扭曲，就会造成可怕的后果。1978 年在苏黎世的荣格研究所演讲时，保罗·沃尔德（Paul Walder）分享了一个据说是前瑞士驻柏

1　索福克勒斯，《安提戈涅》（Antigone），收录于《希腊悲剧全集》（The Complete Greek Tragedies），第 170 页。

林大使的轶事。据说在 20 世纪 30 年代末的一场国宴上，希特勒曾说："我本应该成为一名建筑师，但现在为时已晚。"

这些原型每一个都是充满能量的形象。所有男性的内心都潜藏有这些原型；他们渴望从内在激活并在外部显现这些原型。但遗憾的是，父亲这个角色永远无法激活全部的原型力量。因此，出于对父辈力量的渴望，男性要么在羞愧中承受着这种缺陷，要么在众多存疑的模型中寻找父亲的替代品。显然，为了激活真正的男性特质，这些意象必须从钢铁约翰所在的深井中汲取，而不是从神经症、过度补偿、自我异化的父权领域获得。

寻找父亲的戏码每天都在每个男人的生活中上演。荣格分析师监测梦境的原因之一，就是为了追踪这种内心的戏剧。通常，人们可以通过某些意象或主题在梦境中的演变来衡量现实变化。即使意识还没有做好充分的准备，心灵似乎已经在努力寻求自我疗愈了。通过聆听梦境并吸收其能量，意识可以成长并进一步促进心灵的疗愈。[1]

在上一章中，我描述了急诊医生艾伦的创伤。艾伦现在验证了他曾经怀疑的事情，即作为两位医生的儿子，他选择医生

---

1 详见詹姆斯·霍尔（James A. Hall）的《荣格解梦书：梦的理论与解析》(*Jungian Dream Interpretation: A Handbook of Theory and Practice*)，以及唐纳德·布罗德里布（Donald Broadribb）的《梦境》(*The Dream Story*)。

这个职业主要是为了赢得父母的赞许。他父母的爱总是有条件的，且只有"达到要求"才能获得认可。他的 3 个梦境，横跨了 20 个月的时间，揭示了他与父亲之间不断变化的关系。

在第一个梦中，他出现在父亲的房间，他明确知道那就是父亲的房间。房间黑暗而压抑，里面摆满了大型的古董花瓶。一个年轻人给了他一把老式的火绳枪。他拿起枪对准花瓶射击，并击碎了一些。梦结束时，他觉得自己"有点傻，有点害怕，就像一个到处搞破坏的小男孩"。在这个梦中，心灵将艾伦置于父亲情结的桎梏中，对他来说，一切确实都是黑暗和压抑的。房间里放满了"旧物"，那是童年的残骸。而那个年轻人，也许是叛逆的孩子，也许是新生的未来，给了他一把老武器（也许代表着昔日愤怒的工具）。他打碎了房间里的容器来表达他的愤怒。之后，他觉得自己像个青春期的问题少年，自以为是却又略显尴尬。

几个月后，艾伦梦见自己在一个岛上，这个小岛正在遭受炮击。一个老人正在讲述战争的故事，艾伦也上前去听。突然一枚炮弹击中一棵大树，树倒下并压死了老人。艾伦知道这棵树叫作"士兵之树"。这个老人霸道、不讨人喜欢，但他却启发了艾伦。艾伦觉得自己可能也想要这样死去。然后他来到了树林之间，感觉到凉爽的雨水打在他的脸上。

　　艾伦的许多梦境都使用了战争作为隐喻。虽然他从未参军，但艾伦总觉得自己处于"战火"之中，一个城内医院的急诊室确实也算是某种战场。他的工作安排通常是做四休三，每次休息完返回工作前他总是感到焦虑。工作的第二天，他就基本适应了这种节奏，这让他觉得就像士兵休假后返回战场。

　　在这个梦中，艾伦被水包围，这里的水象征着他生活中的情感洪流。他被老人吸引，一个他可以从中学到东西的老兵。但这个老人死了。艾伦的反应是矛盾的，老人专横跋扈，但他鼓励他人取得成就。这反映了艾伦对他父亲的矛盾情感，他想去爱他的父亲，也需要去爱他，但他也知道自己必须很努力才能赢得父亲勉强的赞许。他还意识到，多亏了父亲的期望，自己才能取得现在这样的成就。与此同时，在梦中他有一种徒劳感。他觉得自己被召唤到这场战斗中，没有什么能改变他的命运，他只希望自己能像老人那样死于战场。这个想法给他带来了某种安慰和平静，就像雨水抚慰了他一样。

　　这位老人的死亡暗示了艾伦的心理有一种他并未意识到的发展——也许是曾支配他生活的老旧价值观的死亡。就像许多前人一样，他觉得自己注定要死，但这种顺从的平静实际上可能预示着一个积极的心理转变。

　　在第三个相关的梦中，艾伦再次身处军事环境中。他被将军召见、敬礼、接收指令，并保证绝对服从。但在交流过程中，他有些不合时宜地，甚至有些挑衅地在擦鞋。离开时他再次敬了个礼，但他对自己说："我不会在这里待太久，我即将离开。"

讽刺的是，在那次面谈分析后，艾伦计划去他父母家参加7月4日的聚会。那天早上他的梦里又出现了熟悉的军事隐喻。我们现在知道他生活中的将军是谁了，是那个他仍然对其敬礼的老人。但很明显，他的叛逆，在最初射击花瓶的梦里首次出现，之后仍在继续。现在他内心的分歧变得更大了。现在心灵宣布变化即将到来。他此刻还在敬礼，但很快他就会把这一切都抛在脑后。

在治疗中，人们通常会意识到，生活中所做的很多事情，所成为的人，甚至是好的结果，都来自错误的地方，来自受过的创伤。例如，艾伦成为医生是为了赢得父母的认可。这种动机对于一个孩子是可以理解的，但对于一个独立的成年人则并不健康。然而，艾伦是一位出色、有爱心的医生，也许他确实属于医学行业。他的任务是摆脱父母情结的压迫，找出真正的自我——在他的专业选择中，什么是合理的，什么是存疑的。

艾伦的困境与许多男性相似。有些人的父亲可能没那么严格，有些人根本没有父亲，但他们的共同点是，他们都无法向他们的亲生父亲，或是任何部落里的智者询问必要的问题。一个世纪前，精神分析的"发明"就是为了应对医学、神学或父权制中父亲无法缓解的痛苦。当男性的灵魂受到伤害时，他们会用可怕的方式对待自己和他人。只有当他们意识到自己的创伤时，他们才能改变自己和他们所处的社会。

父子之间的伤口非常深。由于亲生父亲很少能够提供帮助，儿子往往被迫去寻找"伪父亲"——宗教先知、流行明星、各种意识形态的主义，或者独自忍受痛苦。很少有儿子能像卡明斯（e.e. cummings）那样祝福父亲：

> 尽管我们品尝的都是乏味的，
>
> 比甜蜜更苦涩的一切，
>
> 蛆虫般的贫乏和哑巴的死亡是我们所有的继承，
>
> 所有的遗赠，与真相毫不相干
>
> ——要我说，即使仇恨是活下去的理由——
>
> 因为我的父亲活出了他的灵魂，
>
> 爱就是全部，高于一切。[1]

卡明斯之所以能够祝福他的父亲，是因为父亲在充分活出自我的过程中，为儿子塑造并激活了男性的潜能。这样的儿子

1　卡明斯，《父爱的厄运》（"my father moved through dooms of love"），收录于《诺顿诗选》，第 1046 页。

非常幸运。对于大多数男人来说，父亲也是无辜的，他也只是独自承受创伤的另一代人而已。因此，儿子们必须前往别处开始自己的治疗。那个地方不是某个大师居住的场所，也不是某个公司所在的地方，而是在他自己扭曲和异化的灵魂里。

老实说，对于大多数男性是否能够逃离或改变萨图尔阴影下的生活，我持悲观态度。然而，社会变革显然来自个体意识的觉醒。当足够多的人拒绝那些文化所给予的，伤害灵魂的价值观时，社会变革就会发生。因此，男性的任务就是充分意识到——他们能够自我治愈。

这就是男性的第八个秘密：如果要痊愈，他们必须激活内在，而非从外在索取。

这就是我们最后一章的主题。

第五章

治愈灵魂

在探讨治愈——这个比创伤更深奥、更难以琢磨的奥秘之前，我认为有必要适当地回顾一下迄今为止我们所讨论的内容。虽然我们都生活在萨图尔的阴影之下，每天承受着社会对男性的角色、期望和价值的伤害，但这对于折射出男性所背负的八大秘密似乎是有帮助的。每当我与朋友或是在治疗中与男性同胞谈及这些时，他们几乎都承认自己恐惧而沉默的内心中曾有过这些想法。有些男性可能从小就敏锐地意识到了这些秘密，但通常是经过我们的交谈，它们才从混沌的情感中浮现出来。

八大秘密

1. 男性和女性一样，同样受制于角色的期待

这一说法或许最不需要详述，因为在我们这个时代，个人与社会最大的病态就是个体灵魂被父权思维建立的不合适的角色扭曲的结果。正如里克尔所观察到的："我们感受不到家的可靠，在这看似解释得通的世界里。"[1]

在我们所处的世界里，男性的主要价值在于捍卫家园和供养家庭。这些也许仍然是值得尊敬的付出，但充其量只是角色

---

[1]　赖纳·马里亚·里克尔，《杜伊诺哀歌》，第27页。

所赋予的职责，并不能代表一个完整的男人，因为他没有机会去追寻和珍视自己灵魂的召唤。或许按照世俗的标准，他是成功的，但只有他自己知道，这一路上，他失去了自己的灵魂。当今社会，没有一个理智的男人会真正相信，拥有迷人的妻子、豪华的轿车以及享受沙滩假日就是他生命所有的价值。

但大多数男性仍然服务于这种肤浅的价值观，因为他们不知道还有其他选择。然后，他们成了工作的奴隶，沉迷于诱人但短暂的价值观，漂泊在我们父辈曾经服务过，并使他们的灵魂支离破碎的世界。

面对文化所赋予的狭隘的角色范围，女性已经明确进行了挑战。男性同样有必要彻底审视一下自己的生活，以及他们与内在意象和声音的关系。例如，男性仍然承担着沉重的经济负担，但他们必须为自己而奋斗，争取带着尊严和目的去挣钱。为了拯救他们仅剩的灵魂，他们也必须慢慢具备承担一切风险的意识。

我有时会想象，纽约世贸中心顶楼的高管——他是自己领域的主宰，妻子和孩子都住在韦斯特切斯特，他有事情要做，也有要见的人。但当他看到一艘船正驶出哈德逊河，经过维拉扎诺海峡（Verrazano Narrows）大桥时，他的心情跌入了谷底。他已经实现了所有他追求的目标，满足了文化对他的期待，但他知道他迷失了自我。正如约瑟夫·坎贝尔（Joseph Campbell）所说的："一个人可能花了一生的时间爬上梯子，但到最后才发现它靠在了错误的墙上。"[1]

要想彻底疗愈，男性首先必须对自己诚实，接纳他们认为自己无法承受的情感。他们必须承认，尽管自己已经取得了某些成就，但他们并不快乐；他们必须承认，他们也不知道自己是谁，或者该做些什么才能拯救自己；他们必须克服阻碍这种思考的恐惧，以及如果情感被释放出来，他们的生活也将面临改变的恐惧。

第一步也许是最难的。男性必须停止欺骗自己，进而不再互相欺骗，他们必须充分意识到自己的不快乐。他们必须承认，即便是出于好意，目前的生活也是错误的，从现在开始，他们有责任做出改变。

2. 男性的生活在很大程度上受到恐惧的主宰

所有人的生活在某种程度上都受到恐惧的支配，但男性为了远离恐惧，付出了诸多努力。女性在情感诚实方面有巨大的文化优势。男性害怕母亲情结的力量，因此努力取悦或控制女性；男性害怕其他男性，因为他们往往处于竞争关系中，因此其他男性会被视为敌人，而非兄弟。男性之所以会感到恐惧，是

1　约瑟夫·坎贝尔，《诸神之事》（*This Business of the Gods...*），第 19 页。

因为他们知道这个世界广袤而危险，但究其根本是因为他们对此一无所知。他们的内心就像孩子一般，因而驶向黑暗、汹涌大海的船只实则非常脆弱。女性当然也明白这一点，但她们自己愿意承认，同时也能坦然面对其他女性，她们的生活因此并不那么孤单、隔绝，也不会过分自责。

男性有些观念十分疯狂，他们认为自己不应该恐惧，他们的任务是征服自然和自我。男性的确做过一些不可思议的事情，例如，大步踏入黑暗，带回了神秘大陆的地图。尽管如此，每个男性仍然因害怕自己不是个真正的男人而感到羞愧。这种羞愧主要表现在炫耀或欺负他人，或是用沉默来回避生活对他的召唤上。

最后，男性的治疗之旅始于他对自己诚实的那一天，始于他愿意承认恐惧是如何支配他的生活的那一天，始于他可以击败即将吞噬他的羞愧的那一天。只有到那时，他才能找回灵魂的中心，驱散萦绕其上的巨大恐惧。

3. 在男性的心理世界中，女性的力量是巨大的

在正常情况下，男性一生中最大的心理影响来自他的母亲。由于这种心理影响实在太过强大，男性或多或少在无意中都能感知到，他们与女性扭曲的关系主要体现在以下四个方面。

第一，他们赋予女性太多的心理权力。也就是说，他们将

母亲情结的巨大力量投射到女性身上。直白点说就是："你有胸部，你一定是女人。我的母亲是女人，那你必须像她一样。"因此，男性害怕女性的力量，尝试取悦、控制女性或避免与其对抗。由于无法认识并接受由母亲情结所产生的问题，他们陷入了一种以权力为基础的投射关系。这是所谓的性别战争背后最根本的事实：权力，让恐惧替代了爱。

第二，男性极度害怕自己女性化的一面。他们将情感生活、本能、温柔与呵护的能力与文化定义的女性特质联系在一起，并因此尽量远离这些特质。这也使他们与自己内心的女性意象保持距离，最终导致深刻的自我异化。实际上，男性"女性化的一面"这个说法本身可能就有误导性，因为女性意象实际上也是男性必要的一部分。男性很少冒险展示这部分的自己，但与女性一样，这也是他们的天性，是他们与世界和自己内心建立关系的桥梁。

第三，由于男性对自己的性别身份抱有极大的不安全感，他们往往需要依靠虚假的性别角色，他们害怕并否认那些不符合狭隘集体观念的自我。当他们看到其他人展现那些方面时，他们会表现出强烈的排斥。同性恋恐惧症就是一个典型的例子。同性恋当然有权根据自己的性取向生活。越来越多的证据表明，同性恋并不是一种选择，而是一种基于生理的导向，这种导向在历史上存在的比例与异性恋大致相同。同性恋男人与他们的异性恋兄弟一样，有着同样的心脏、同样的灵魂、同样的战斗勇气。是时候打破大男子主义的壁垒，指出真正的问题了——男性害怕那些活出他们未曾活过的人生的人。敌人不是其他人，而是我们对不符合父权制要求的恐惧。

第四，男性对女性力量的体验已经演变成对性的过度重视和恐惧了。尼采曾观察到，婚姻的主要目的就是交谈。[1]

建立忠诚关系（婚姻只是其中一个例子）的目的不是互相照顾、强化亲子关系，而是通过与彼此之间的关系共同成长。亲密关系应该是辩证的——灵魂的相遇、磨合与拓展。而连接两性之间的桥梁，当然就是性生活。但是男性由于不擅长言语交流，往往过于强调性生活。

无论性是什么，至少它是一个深奥的神秘领域，且很容易被滥用。对于那些一生都活在冷酷世界，疏远自己内心女性意象的男人来说，性的主要心理目的是与温暖重新建立连接。性是一种情感安慰，是一种麻醉剂，能够抚平受伤灵魂的痛苦。如果生活对他们造成打击，那么性，就像毒品或工作一样，可能会麻痹伤口。性行为提供了一个短暂的超脱，性高潮可能是

---

1 尼采，《人类，太人类》（"Human, All-Too-Human"），《尼采作品精选》（*The Portable Nietzsche*），第 59 页。

一种欣喜若狂的体验。在那一刻，人们可能会感觉到自己挣脱了普通意识的牢笼，这是许多男性最接近宗教体验的时刻。因此，性行为背后掩盖的可能是对接纳的绝望探索，其下潜伏着母亲情结。这最终是一种具有破坏性的游戏。性作为爱的体现，作为谈话的通道，作为辩证的方式，所有这些都以伴侣间的平等为前提。如果将性作为救赎，便扭曲了这段关系，并让萨图尔阴影乘虚而入。一旦萨图尔出现，就没有什么是真正有趣的、闪耀的或是能带来改变的了。

4. 男性串通一气，保持沉默，目的是压制他们的真实情感

几乎每个男人都有类似的记忆，就是当他们试图表达自己却最终遭到嘲笑或拒绝的时刻。展现脆弱和软弱会让男性付出沉重的代价。他们被其他男人，有时甚至是被女人羞辱，但最主要的是他们自己也无法接受。那些每天围攻圣城的人需要尽可能凝聚自信来支撑自己脆弱的自我形象。所以，他们串通一气，对伤害自己的事物保持沉默。"Conspiracy"（共谋）这个词来源于拉丁语"conspirare"，意思是"一起呼吸"。男人们一起默默地呼吸，为了保护他们受惊的灵魂，从而加深了所有人的创伤。

同样，我们又面临诚实的问题了。个体男性必须冒险说出真相，他们个人的真相，因为这也是其他男性的真相。有句古

老的中国谚语是这么说的：金钟罄裂，声闻十里。为了让男性停止撒谎，停止参与沉默的共谋，他们必须勇敢地展示自己的痛苦。其他男性可能会本能地跳起来羞辱他们，或因自己的恐惧而与他们疏远。但随着时间的推移，所有人都会感谢那些大声说出他们真实情感的人。

　　5. 男性必须离开母亲，并摆脱母亲情结，所以受伤是必然的

　　在描述了母亲情结的力量后，也就是男人渴望的温暖舒适的部分，我们必须承认男性受伤是在所难免的。在启蒙仪式中，我们的祖先并非无端地残忍地伤害这些青年，而是将男性从儿童的依赖引导至成人的独立。他们的创伤具有象征意义，因此也承载着原型的意义。创伤是一种类似借代的修辞手法，用部分描绘了整体，是对创伤世界的引入，从此之后受伤的体验将成为日常。

　　当队友提醒我指甲断裂只是所有伤口中最轻微的时，他实际上是在帮助我，让我为更大的世界做好准备。在第三次进攻距离很短的情况下 [1]，心灵必须为必要的碰撞做好准备，要在阵线上阻止势不可挡的进攻，而不是专注于自己的舒适区。因此，部落给予青年的伤害是助他入世的象征性仪式。但更重要的是，

———————————

1　此处描述的是一种橄榄球的策略情境。——译者注

帮助他们面对即将到来的痛苦，放弃对温暖的壁炉的幼稚的渴望。他要承担旅途的重担、痛苦和孤独。没有任何人，无论是父母还是部落，可以让他避免这趟旅程，否则他为之斗争并实现其潜能的能力就会被夺走。

所以，男人必须受过伤，才能真正进入这个世界，才能有清醒的意识，才能承担离开母亲的英勇任务，并成为自己命运的主宰。我们都和菲洛克忒忒斯一样，经历过拒绝和伤害；我们都想退回各自的洞穴，过自己的生活。但对我们每个人来说，英雄的任务正召唤着我们每个人，每一天，从醒来的那一刻起，就必须与那些龇牙咧嘴的恐惧和懒惰的恶魔作斗争，以防他们继续吞噬我们的灵魂。

我总是惊叹于男人（当然，女人也一样）离家出走，冒险进入未知领域的能力。我总是钦佩那些初次翻越山脉的人；那些航行在漆黑大海上的人；那些进入哈迪斯王国并写下《致奥尔菲斯的十四行诗》或第五交响曲的人。正如叶芝所问："为什么我们要敬佩那些死在战场上的人，当一个人深入自己的深渊时，可能也会展现出同样鲁莽的勇气。"[1]

创伤背后是一个新的意识层次。如果我们要生活在一个没

[1] 理查德·埃尔曼（Richard Ellman），《叶芝：真人与假面》（*Yeats: The Man and the Masks*），第 6 页。

有那些像心灵向导一样带领我们进入未知领域的伤痕，没有沿途奇特而美妙的冒险，没有返回时那些血迹斑斑的奖杯的世界里，生命还有什么价值呢？我们为了获得更高的意识，以及为了追求更有意义的世界所付出的代价，就是这些创伤，这样我们才有可能成为自己生命中的英雄。

6. 男人天生具有暴力倾向，是因为他们的灵魂曾受到侵犯

当代男性所受的伤害毫无象征意义。也就是说，它们并不会带来任何转变。由于我们的文化中缺乏有意义的成年仪式，缺乏能够激活和引导灵魂能量的意象，大多数现代男性被社会角色的期望（包括内在的和外在的）压得喘不过气来。创伤并没有带来任何有益的东西和改变，只是进一步摧毁了他们。男人的灵魂一旦受到侵犯，他在某种程度上就会诉诸暴力。连环杀手和大规模杀人犯都曾遭受过言语和身体上的虐待。在晚间黄金档节目中，愤怒的邮政员工或银行职员因暴怒伤人的新闻已经司空见惯。但这只是冰山一角，男性生活中时刻发生着灵魂谋杀。

男性不仅被要求去做危险、肮脏、艰辛的工作，挂在桥上，刮去多余的油漆，克服自然的物理和心理障碍，承受重压，保持冷静和镇定，他们还被期望在沉默和孤独中承受这种伤害。最重要的是，和女性一样，他们常常被要求牺牲自己的灵魂，

去为某种经济、政治或文化规范服务。如果反抗这种自我的扭曲，他们会感到羞愧，反抗意味着被孤立，有时候他们的想法太过于挑战现状，他们甚至会因此而殉道。

男性需要承认自己的怒气，这种怒气已经积累到愤怒的程度了。这种愤怒去了哪里？对于有些人来说，其表现为抑郁症，一种他们终其一生都要承受的沉重的感觉；还有些愤怒会体现为各种身体疾病，或被投射在你我、输赢的偏执游戏中；但对于大多数人来说，这种愤怒会通过对女人、孩子或其他男人的暴力行为发泄出来，灵魂的深刻痛苦会被投射到任何可能的对象上。

这个世界已经有足够多的暴力了。现在男性必须将愤怒转化为治愈所必需的变革动力。当我们还是孩子的时候，我们只能被动地受苦；在我们仍然无意识的时候，我们只能作为受害者。但一旦我们意识到这一点，我们就要对我们的生活负责。多年来积累的愤怒现在已经足够成为变革、反叛，以及拯救灵魂所必需的力量了。

7. 每个男人都渴望得到亲生父亲及部落之父的引导

母亲情结给内心深处带来了巨大的压力，因此必须有个旗鼓相当的力量浮现出来，为心灵跨越这个巨大的鸿沟搭建桥梁。这也是部落成人仪式中所蕴含的智慧，让青年能够顺利从童年过渡到成年。这些仪式既深入，又有心理上的影响力，且持续时间长久，与母亲情结对新生的自我的影响力旗鼓相当。

要想离开舒适的家，离开母亲的世界，一个人必须有处可去。不得不承认，传统文化的成年仪式是将青年引入一个更简单、更同质化的社会。同样，他们关心的不是个体的人，而是将未成形的个体整合到部落对男性的集体定义中。尽管如此，抛开那些充满精神力量的身份象征，抛开长者的智慧，抛开男性社群，我们就拥有了现代世界。

由于天生就讨厌这种鸿沟，所以，当代男性就像不谙世事的孩子一样，用毒品、工作以及他们的伴侣来填补这个巨大的间隙。如果说我们通过与其他人建立联系来学习人际关系，我们则通过模仿同类来确认我们的身份。当代男性无法通过文化来认定他们的身份，因为他们找的所谓的榜样，同样未经启蒙，或屈服于物质主义社会的空洞价值观。再次强调，在治疗开始之前，男性必须先承认内心深处的现实。在那些令人困惑的情感中，有一种深深的悲伤，因为失去了父亲作为陪伴、榜样和支持；还有一种深深的渴望，希望父亲能成为智慧、慰藉和鼓舞的源泉。

部落长者的职责是传递祖先的智慧，告诉年轻人他将要服侍的神明，以及与他同在的神灵。当代男性没有任何部落历史或超越现实的根基。那些无法与神明建立基础联系的男人处于极大的危险之中，他们也会给他人带来危险。这样的男人是迷惘的，他们会觉得自己被历史和智者抛弃了。他们渴望榜样的力量，渴望伟大的教导。他们在沉默中忍受着自己被放逐，或将悲伤伪装成愤怒表达出来，这样的男性不在少数。

8. 要想得到疗愈，男性必须激活内在，而非从外在索取

男性无法求助于部落长者，而且他们也已经明白，很少有智者，更不用说受过启蒙的真正的智者了。因此，他们患上了深深的心病。由于缺乏心理的锚点，也没有神话作为参考，男性必须学会自我疗愈。有时，这种疗愈可以与同伴分享，但总的来说，他们必须独自前行。

在小说《德米安》中，赫尔曼·黑塞（Herman Hesse）无疑解决了现代灵魂的治愈问题，在经历了三次流亡和迫害，并因此获得了诺贝尔奖作为补偿后，他表示："在流浪者的世界中，当路径交会，这个世界有一瞬间会有家的感觉。"[1]但群体的体验，原始连接的感觉，只是"暂时"的；之后一个人又要独自继续旅程。

1　赫尔曼·里赛，《德米安》（*Demian*），第 104 页。

母亲情结 / 父亲任务

　　到这里我们有必要回顾一下母亲情结的形态。再次强调，在孩子的精神生活中，母亲的塑造力量是巨大的。孩子对母亲的体验会被内化为一种情结，一个超出自我控制，充满情感的能量聚集体。由于母亲是通往自然和身体世界的桥梁，也是通往关系的桥梁，所以男孩对于母亲的体验会在他的原型深处产生涟漪。

　　换句话说，一个男人与自我、与他人以及与流经他身体的生命力的关系，都深受他与母亲最初的体验的引导。如果母亲无法满足他的需要，并将其个人情结强加于他，他就会遭受被遗弃及被压抑的伤害。前者让他学会质疑自己的价值和这个世界的可靠性，后者则让他觉得自己无力捍卫脆弱的领土，因此演变为顺从、依赖的个性或是恐惧、过度补偿、以权力为主的人格。在任何情况下，他都不是真正的自己，这只是他对如此强大的力量做出的反应而已，这种力量征服了他的自然本真。这种妥协在整个童年时期反复出现，产生了一个虚假的人格，并进一步将那种最初的关系投射到后来的成人关系中。因此，他活出了一个虚假的自我。[1]

1　详情参阅《中年之路：人格的第二次成型》第一章，其中详细讨论了虚假的后天人格与先天自我之间的冲突。

　　由于孩子是完全依赖他人的，任何对其需求的威胁都会引起巨大的恐惧。所有男性的内心深处都保留着这种脆弱的记忆。他们害怕自己的需求得不到满足，害怕这种需求会进一步加深他们的依赖性。由此所产生的愤怒和悲伤伴随男人的成长。当其需求得不到满足时，男性既感到愤怒，同时也为此感到悲伤。随着年龄的增长，遭受成年角色的冲击后，这些情感往往会被掩藏到无意识之中。但这些能量并未消失，它们总会转移到某个其他地方。他们内心深处的愤怒可能会内化为终身的抑郁，或是转化为伤害身体的情感。他们可能会通过殴打女人和攻击同性恋者来宣泄，或是更抽象地，在公司采取对抗的态度。他们内心的女性意象让他们想起了母亲的世界，于是被他们拒之门外。因此，这股力量自然地以愤怒和恶劣的形式表现出来。男性的悲伤往往表现为忧郁，表现为对母爱的沉迷，或者表现为对心爱之人模糊的渴望，希望对方能够进入他的生活并治愈他。

　　所有这些动机的背后，一方面是男性担心自己得不到照顾，另一方面是他们对依恋的强烈恐惧。因此，由于他们对平静生活的渴望中还夹杂着许多无意识的恐惧，男性总是与女性对抗，无论是内在还是外在。

　　所有男性的内心深处都携带母亲的意象，且每个人的力量都各不相同。因此，他们意识受限的结果，是产生了一个高度防御的、狭窄的对男性的定义。男性发展出了父权制的规则、等级思维和社会结构，以及其对女性的压迫，作为对母亲情结的防御。父亲和儿子几乎无法交谈，唯恐他们被迫分享这个可耻的秘密：父亲们被阉割了，且他们试图阉割自己的儿子，就像克洛诺斯与萨图尔那样。于是，这种补偿与其试图防御一样，具有致命的问题。对母亲情结恐惧的压抑和父权反应都使男性进一步自我异化。

无论身处何地，男性注定要面对其伴侣、制度或某种情感，并将童年的记忆作为当下的体验。过去并非真正过去。母亲和父亲存在于当下的每时每刻，不仅是亲生父母，还有集体文化对他们的定义。因此，无意识中感受到的所有昔日的需求、恐惧、渴望和愤怒，都会被男性投射到当前的他者身上。于是，那个他者，拥有了原初父母曾拥有的力量，男性便试图以各种方式去控制、讨好，或完全避开他。

这就解释了为什么许多男人在家中和在工作场所都极其易怒且具有极强的控制欲。这也解释了为什么似乎有越来越多的人被定义为被动攻击型人格。他们感到无力，但又怀着愤怒，因此只能设法破坏或颠覆他人。他们的无力感日益强烈，因为他们几乎无法找到能向他们展示如何处理如此巨大的需求和恐惧的积极的男性榜样，从而解除对他人的投射。

如果男性无法认识到内心母亲情结的影响，他们就永远无法融入现实生活，也就是说，无法与真正不同的他者打交道。没错，要真正意识到这些需要很大的勇气、很强的洞察力和很好的耐心，以及持续的努力。对男性来说，处理母亲情结尤为困难，因为一旦揭示它在他们生活中的力量和影响，他们对自己男性身份的掌控就岌岌可危了。但除非男性敢于冒险，否则他们将继续停留在虚假的身份之中，继续加深内部的分裂和与他人的疏远。

何为治疗？治疗者又是谁？

在真正探讨男性的疗愈之前，我们首先必须弄清楚治疗意味着什么，以及在我们这个时代可以找到哪些治疗机构。

弗兰茨·卡夫卡在 20 世纪初写了一个预言性的故事，标题是《乡村医生》。在一个狂风暴雪的夜里，一名医生被请来为一名患者看病。医生到达时，村民们都聚集在一个年轻人周围。年轻人对医生说："救我，救我。"医生检查后宣称找不到任何问题，患者身上没有明显的伤口或疾病状况。年轻人此时再次哭喊："救救我，救救我。"医生再次查看，发现患者身体一侧有个巨大的疮口，血红色的伤口上布满了像他手指一样粗、一样长

的虫子，它们正朝着光亮处蠕动。经过进一步的检查，医生解
释说他救不了这个年轻人。村民们非常愤怒，开始了一场剥夺
医生权力的仪式。他们咒骂着，围绕着他转圈，扯掉了他的服
饰，并将他扔到了野外。医生在黑暗中挣扎着找到了回家的路，
他想：

> 这就是这里人的真面目。他们总是对医生怀有不
> 切实际的期待。他们失去了自己古老的信仰；牧师坐
> 在家里，解开一件又一件祭服；但医生应该利用好他
> 慈悲的手术手，无所不能。好吧，如他们所愿吧。[1]

卡夫卡的故事具有隐喻和预言的意义。神职人员的权力逐
渐减弱，被新迷信和新祭司取而代之，他们身穿白大褂而非黑
袍。但新宗教，即医学科学，也无法治愈所有创伤。只有在经
过更仔细的检查之后，具有象征意义的玫瑰红色伤口才变得可
见。尽管科学有其神奇的力量，但它也无法治愈这样的伤口。
因此，医生成了另一个被废除的，不再受人尊敬的神的仆人。
卡夫卡警告我们，不要把信仰完全寄托在 20 世纪我们所相信的
外在的、可量化的世界里。我们的创伤深入灵魂，只有触及灵

1　弗兰茨·卡夫卡，《在流放地》第 141 页。

魂的东西才能治愈这些伤口。

　　医生是大自然的仆人。医生并不进行疗愈；是大自然在疗愈（拉丁语"medicus"，意为"医生"；"mederi"意为"治疗"，而"docere"意为"引导"）。当身体受到伤害时，医生可以创造有利于治愈的条件，但无法治愈灵魂的伤痕。早在 20 世纪初，劳伦斯就意识到了这一点：

　　　　我不是一个机械装置，由各部分组装起来。

　　　　并不是因为机械运转错误，

　　　　我才生病。

　　　　我生病是因为灵魂的创伤，

　　　　对深层

　　　　情感自我的创伤，

　　　　灵魂的创伤会持续很长很长的时间，

　　　　只有时间能够帮助我，

　　　　以及耐心，和某种艰难的悔过，

　　　　漫长、艰难的悔过，意识到生命的错误，并从

　　　　这无尽的重复错误中解放自己，

　　　　尽管大多数人选择神化这种错误。[1]

　　我们的社会长期以来一直把男性当作机器，视他们的身体为社会进步或利润的消耗品。男性压制了自己灵魂的痛苦和喜悦，因为他们被教导要将自己视为"机械装置"。这种自我异化的创伤非常深；它已经持续了很长时间，以至于被视为理所当然，因此对于能否治愈个人，更不用说整个男性群体，都是仍然存疑的挑战。但生活仍在继续，萨图尔的阴影仍然存在，这是唯一的游戏，背叛者应受到惩罚。创伤已然被制度化和神圣化，而男性在无意中把自己钉在了十字架上。

　　所有男性都受到神经症的困扰。这个词本身就暗示了一种机械故障，实际上，它起源于启蒙时代创建宇宙和人类的模型的努力。但事实上，神经症只是表示社会化和灵魂之间，集体文化和个体心理之间的深刻分裂。当外在角色无法契合一个人的灵魂时，平衡就会被打破。正是这种可怕的失衡的痛苦促使男性与自身和对他人发动战争。

　　治疗师的角色就是关注这种分裂，以及观察随之出现的意象，无论是认知的、身体的还是梦境的。这些意象就是症状。

1　劳伦斯，《治愈》（"Healing"），收录于《破旧灵魂回收处》（*The Rag and Bone Shop of the Heart*），第 113 页。

德语中"症状"一词"Zustandsbild"，意为"状态画面"，代表了心灵通过象征性的桥梁努力自我疗愈的过程。症状既参与了无意识的维度，又参与了有意识的世界，它们作为隐喻的代理者起到了桥梁的作用。"隐喻"这个词来自希腊文"meta"，意为"跨越"，以及"pherein"，意为"运送"。因此，心理治疗在词源上与等待或关注灵魂的表达相似。荣格式分析并不是还原式的，而是综合性的；"分析"一词来自希腊文"analusis"，意思不是理性化，而是"解开、放松"。解开或放松一个人自我意识感知的意象，是心灵自我疗愈过程的基础。用荣格的话来说就是：

> 中间产物（如意象或符号）……构成了心理构建（而非心理崩塌）过程中的原材料，在这个过程中，论点和其对立面都起到了作用。通过这种方式，它成了统治整体态度的新内容，结束了分裂，迫使对立面的能量进入一个共同的渠道。僵局就此被打破，生命可以焕发新的力量，继续向新的目标前进。[1]

疗愈灵魂的过程与创造力十分相似，因此艺术家就是一个

1　荣格，《定义》（"Definitions"），《心理类型》（*Psychological Types*），《荣格文集》第 6 卷，第 827 段。

范例。艺术家们常常被浮现在意识中的意象吸引。许多艺术家都坦言，他们可能一开始有个关于作品的想法，但后来又被其他东西取代了。他们声称最好的作品来自那些他们能够放弃自我和才华，用绘画、音乐或文字来表达的意象。因此，正如荣格所指出的，创造的过程涉及"对原型意象的激活，以及将这些意象塑造成最终的作品"。[1]

深度心理治疗就是激活灵魂中最初萌生的意象，并支持与它们的对话。荣格将这一过程描述为超越，即自我寻求超越意识与无意识之间的障碍。换句话说，心灵正寻求自我疗愈。这种治疗方法是顺势疗法而非对抗疗法：以同治同。疗愈来自共鸣，即重新发声或重新认知的相似性。当父亲或部落长老为他们塑造了合适的意象，或是当他们自己能够激活那些意象时，男性便能疗愈。个人疗愈、灵魂疗愈，都是通过召唤共鸣，并调和分裂的象征性意象或行为来实现的。

在传统文化中，萨满治疗经常采用诵读创世纪、部落传说的方式，因为在那些叙述中蕴含着能够在患者心灵中唤起超越功能的意象。当这些意象被深刻地接受并与意识融合时，治愈便成为可能。今天，分析师通过陪伴、专注和与意象合作的方

1　荣格，《定义》（"Definitions"），《心理类型》（*Psychological Types*），《荣格文集》第 6 卷，第 827 段。

式来协助完成这个过程。但无论何时，治愈的真正发生都源于一个超个人的、神秘的机构，我们称之为恩典。然后，正如里克尔提醒我们的那样，我们"知道自己的内部存在一个空间，可以承载第二个广袤而永恒的生命"。[1]

七步治愈之路

在最后这一节中，我将提出七个增加治愈可能性的概念。虽然它们都不是原创的，但综合起来可能会促进个人和男性集体一起朝着正确的方向迈进。

容我再重申一次，尽管我尊重那些当前参与男性运动的人，但我并不指望这样的努力会取得多大的成果。现在这个运动的某些方面似乎已经过时了，虽然这么说可能不太公平，但显然其影响力正在减弱。我认为只有当足够多的男性发生个人改变时，男性这个集体才会发生改变。从自我疗愈开始，无论我们能进展到何种程度，我们的文化焦点都将发生变化。

这个想法虽然看起来希望渺茫，但这比期望集体意识突然发生转变更为现实。在我的预期里，男性将继续感受到来自传统萨图尔的压力；他们仍会被要求牺牲自己的身体和灵魂，以达

1　赖纳·马里亚·里克尔，《赖纳·马里亚·里克尔诗选》（*Selected Poems of Rainer Maria Rilke*），第 19 页。

到经济目的；他们仍会被期望默默地支持父权制的价值观，并进一步与其他男性和自己疏远；他们仍然会带着悲伤和愤怒，早早走向生命的终点。

但我希望，至少个别男性具备这样的意识，能够拯救自己并帮助他人。也许其中有些人甚至会成为我们需要的智慧的长者。

以下是通往自我疗愈的七个步骤，以及针对每个步骤的描述：

1. 深入了解父辈。

2. 说出内心的秘密。

3. 寻求帮助并帮助他人。

4. 勇敢地去爱男人。

5. 自我疗愈。

6. 找回灵魂之旅。

7. 加入革命。

1. 深入了解父辈

要想从同性群体中学习到我们自己的天性，那么我们与亲生父亲以及部落父辈的关系就变得至关重要。但自从工业革命和大规模的城市迁徙以来——也就是说，在过去的两个世纪里——大多数男性已经失去了他们的根基：他们与家庭的关系、与手艺工作的关系以及与灵魂的关系。为了换取更大的经济安全，他们将自己的能量分配到为利润服务的角色中，扭曲了自己的灵魂。

这样的男性受到了严重的伤害，因为痛苦和无知，他们伤害了自己的儿子。就像希腊悲剧中的悲惨诅咒，创伤被世世代代地传递下去。只有意识到这种历史性的创伤，看到它残留在自己的血脉当中，并重新联结自我的男性，即治愈这种分裂的男性，才有可能卸下历史的重担。莎朗·奥兹（Sharon Olds）在同名诗《萨图尔》[1]中生动地描述了与受创的父亲一起生活的经历：

> 他夜夜躺在沙发上，
>
> 嘴巴微张，房间的黑暗
>
> 填满了他的嘴，没有人知道
>
> 我的父亲正在吃他自己的孩子。

她继续描述了父亲是如何一个接一个地吃掉每个孩子。她认为：

1　茨朗·奥兹，《萨图尔》（"Saturn"），收录于《破旧灵魂回收处》，第 128 页。

在他的牙龈和

肠道的神经中，他知道自己在做什么，但他无法

停下来。

…………

这就是他想要的，

将那个生命放到嘴里

展示一个男人能做什么——向他的儿子

展示男人的生命是什么样的。

其他儿子同样能看到他们的父亲是如何承受萨图尔的重担的，就像我看到我的父亲周末离开装配线，去为别人铲煤。我们把太多东西都想得过于理所当然了——桌上的食物、已付的租金、能穿的鞋。在《那些冬日的阳光》中，罗伯特·海登回忆起他父亲的辛劳和他自己的天真和冷漠。他心中充满痛苦：

我与他冷漠地交谈着，

是他驱散了寒冷

还为我擦亮了鞋。

我懂什么，我懂什么

关于爱的艰辛和孤独的责任？[1]

这就是我们的父亲，比我们想象中伤得更重，他们没有其他选择，或是没有得到情感的许可去做自己，他们内心只有说不出的孤独。对于这样的男人，我们必须为他感到悲伤。

悲伤是真实的，悲伤意味着珍惜那些失去的，或从未拥有的一切。任何情况下，男性都背负着这种重担，其具体表现为抑郁，但其实很多时候他们甚至自己都没有意识到。抑郁会削弱我们的生命力；无论我们如何将父亲的缺席压抑在心底，心灵都知道，并且我们注定要背负那种沉重的感觉。悲伤是公开的回忆，尽管在当下可能感觉不太好，但它的真实具有净化和治愈的功效。抑郁可能会不由自主地把我们拉入深渊，不管我们的外在生活有多精彩。甚至生活中最甜蜜的时刻也可能带有这种沉重感。

有个男患者，是位股票经纪人，他曾像自己的父亲一样，逼迫自己不能放松。周末即追赶工作进度的时候。他的父亲只重视工作，因此为了赢得父亲的认可，他把自己逼到了绝境。即使父亲已经去世了，父亲的形象仍然存在，并继续驱使着他。

---

1 茨朗·奥兹，《在那些冬日的阳光》（"Those Winter Sundays"），收录于《破旧灵魂回收处》，第 142 页。

即使已经超越了当初父亲的经济地位，他也无法放松下来。经过两年的治疗，他终于能在周末停止工作，并终于第一次去他父亲的墓前。在那里，他为自己从未从父亲那里得到温柔和接纳而哭泣。他的眼泪，他的悲伤，让他开始在自己的生活中向前迈进，进入一个他完全不了解的领域，因为之前的生活都被创伤和萨图尔的阴影定义。

如果说压抑悲伤会导致抑郁，那么否认愤怒也会如此。愤怒是机体对伤害的正当和本能反应。曾有个分析者，轻描淡写地告诉我他和儿子有乱伦行为。他声称这是他和儿子之间的共识。我为这些孩子感到愤怒，他们原本渴望的是父亲的爱和触碰，却发现父亲利用了他们的无力、天真和无知，因而误将肉体的性视为爱。我要求他与现已成年的儿子谈论这件事，并承受他们的悲伤和愤怒。我的初衷是希望他的儿子能获得治愈，即使他本人不能。

愤怒不断侵蚀着许多儿子，具体表现为身体的不适。例如，胃溃疡、偏头疼，以及试图追求每个孩子都应得的肯定。要想真正疗愈，男性需要对这些创伤及伤人者表达愤怒。很多人可能会问，事情都发生这么久了，这么做还有什么好处。但愤怒就像其他强烈的情感一样，并不会消失，它只会转移到某个地方。受伤的儿子如果不净化自己并打破这个循环，他也会继续伤害他的儿子。如果愤怒可以清除障碍，并与仍然在世的父亲重新开始，那么就值得冒这个险。如果愤怒只会加深分歧，那么不去对抗必定是个有意识的、慎重的决定。但每个儿子都必须面对他自己内心的愤怒，否则他就永远是萨图尔的囚徒。

对于男性来说，更充分地意识到自己的内在是至关重要的。他们当然无法改变过去，很多时候他们也无法改变外在的父子关系。但未知之物仍然在他们内部默默地运作。根据荣格深刻的观察，孩子所承受的最大的负担是父母未曾活出的生活。每个儿子都必须不带评判地审视自己，看看父亲的创伤是如何传递给他的。他会发现，自己要么在重复父亲的模式，要么就是对这些模式做出反应——在这两种情况下，他都是萨图尔的囚徒。

每个儿子都必须扪心自问："我父亲的创伤是什么？他为了我和其他人都做出了什么牺牲（如果有的话）？他的希望和梦想是什么？他实现自己的梦想了吗？他的情感允许他去过自己的生活吗？他过的是自己的生活还是为萨图尔而活？他从他的父亲和文化中得到了什么，这些是否阻碍了他的旅程？关于父亲的生活和过去，我希望他能告诉我什么？关于成为一个男人，我又希望他告诉我什么？他是否能够为自己解答这些问题，即使是暂时的？他曾经问过这些问题吗？我的父亲未曾活出的人生是什么样的，我是否正在为他过那种生活？"

这些大多是几代人之间未曾说出口的问题。如果无法有意识地说出来，这些隐含的答案就会在无意识的生活中浮现，并且通常以伤人的方式。当我们问出这些问题时，即使是对已故的父亲，我们也更有可能避免神化或贬低他们。他们会变得更像我们，成为经历过同样磨难的我们的兄弟。那么即使受了更严重的创伤，我们也更有可能出于同情，问出这些问题。如果我们沉溺于仇恨，我们就会被那些伤害我们的事物束缚。当我们能从成年人的角度更好地了解我们的父亲时，我们就更能够开始我们自己的父亲之旅。

2. 说出内心的秘密

医护人员都知道，伤口一旦被忽略，就有可能溃烂。一个人越是抵抗的东西，就越会持续存在。男性生活的底色就是对真相的否认和抗拒。很少有人能听到直白的真相，诸如巴勃罗·聂鲁达（Pablo Neruda）的忏悔："事实上，我厌倦了做一个男人。"[1] 值得注意的是，他并没有说厌倦了他自己；让他厌恶的是他作为一个男人的角色。这是男人心底最深的真相了，他们的灵魂被外部力量扭曲。正如每个像梭罗那样偶尔溜进树林里，

1　巴勃罗·聂普达，《四处走动》（"Walking Around"），收录于《破旧灵魂回收处》，第105页。

重新找回灵魂，重新构想生活的人，当代社会也有成千上万的男性和女性，他们每天都会回归集体，作为其中无名的、行尸走肉般的一员。用梭罗的名言来说，他们过着平静而绝望的生活。

由于心灵了解的比意识更多，这种灵魂的扭曲被记录下来，并引起一连串的反应。最显著的反应就是悲伤，它困扰着男人的生活，尽管他们可能掩盖得很好。聂鲁达再次说出了任何人都无法回避的真相：

> 有些广袤的土地，
>
> 沉没的工厂，木料的碎片
>
> 只有我知道，
>
> 因为我很悲伤，因为我在漫游，
>
> 我了解这片土地，我就是那悲伤之人。[1]

另一个明显的迹象是他们的愤怒，这种愤怒因为被误导所以并没有被区分开来，因此转而被发泄在自己或他人身上。所有这些"人类的怒火和泥潭"[2]之下，是可怕的恐惧。没有男人觉

1　巴勃罗·聂普达，《忧郁家庭》（"Melancholy Inside Families"），收录于《破旧灵魂回收处》，第 104 页。

2　叶芝，《拜占庭》（"Byzantium"），《叶芝诗集》，第 243 页。

得自己是真正的男人。硬汉的行为都是为了掩饰他的恐惧。奥
登也曾道出真相：

> 爱国者？小男孩，
>
> 沉迷于一切"大"的事物，
>
> 大的器官，大的钱财，大的爆炸。[1]

　　当男性陷入灵魂的意图和外在需求之间的矛盾时，他们觉
得自己就是个骗子，因为他们被迫伪装自己，逐渐地与其内在
生活、内在的女性意象渐行渐远，他们期望女性来承担这种负
担。尤其是性被赋予了过度的重要性，因为通过它，男人们试
图打破自己与情感及与身体的隔离。他们渴望别人与他们重新
建立联系，并在新的冲击到来之前再次给予他们安慰。这使得
他们变得像从前一样脆弱和具有依赖性。由于人类必然憎恶自
己所依赖的，紧张和敌意因此逐渐增长，爱也随之被权力取代。

　　这些是男性的核心秘密——他们觉得自己作为男人是失败
的，他们也只是恰好成为男人而已，他们在恐惧和愤怒之间挣
扎，在情感上依赖他人，却又怨恨那个被依赖的对象。再次重

1　奥登，《旁注》（"Marginalia"），《奥登诗集》（*The Collected Poems of W.H. Auden*），第 592 页。

申，男性唯一的出路就是有意识地承认这些令人难以忍受的真相。他们必须从自己开始，然后尝试与他人，不是与女性，而是与另一个男人分享这个真相。那个男人，同样被困在恐惧的防御中，可能会嘲笑说真话的人，他的嘲笑将与他的恐惧成正比，但他也可能走出恐惧的屏障，认同他的兄弟。

神话中充满了英雄的冒险——攀登高山、对抗怪兽、打败龙王——但对一个男人来说，说出自己真实的情感需要更大的勇气。当代英雄的任务不是要通过物质世界，而是要跨越灵魂的荒原。男性必须面对的邪恶不是城门外的野蛮人，而是自己内心的黑暗，只有勇气才能将自己从恐惧中解脱出来。荣格对这一英雄的任务做了详细的描述：

> 邪恶的精神（恐惧，否定）是生命的对手，它阻碍了生命永恒而持续的斗争，它破坏了每一个伟大的行为，通过蛇的背叛与撕咬，它将软弱和衰老的毒液注入身体；这是一种精神的退行，将我们束缚在母亲的身边，并在无意识中溶解消亡我们的灵魂。对于英雄来说，恐惧是一个挑战和任务，因为只有勇气才能战胜恐惧。如果不冒这个风险，生命的意义就会受到

某种侵犯。[1]

我们的恐惧也是一项任务——一旦失败，我们就会成为大男子主义，或者因为羞愧而妥协。向灵魂坦白真相就是我们的第一个任务，而活在那个真相当中是第二个任务，向他人说出这个真相是第三个任务。类似这样的坦白将成为对我们的最大考验。也许在这之后，我们就不再"厌倦成为一个男人"了。

3. 寻求帮助并帮助他人

如前文所述，大约 15 年前，我刚开始执业的时候，寻求治疗的女性与男性之间的比例大约是 9：1。现如今，在尽量不改变客户群的情况下，这个比例变为 6：4，男性比例明显增加。这种转变预示了几件事：男性面临着深重的问题，很多人都意识到了这一点，集体的氛围已经有所改变，因此治疗变得没那么困难。

实际上，寻求治疗的通常都是情感更强烈、内心更真实的男性，其他人依旧被困于恐惧之中。有些男性是被妻子拖着来接受治疗的，他们对治疗室里的纸巾盒嗤之以鼻，认为它暗示了无能的泪水，这些人正面临巨大的困境，他们正与伴侣、自己处于战争状态。

1　荣格，《转化的象征》，《荣格文集》第 5 卷，第 551 段。

治疗为男性提供了一个独特的机会，使他们可以分享他们私下的生活，情感上的真相，并且他们知道自己不会受到羞辱，可以放心分享成为男人的秘密，他们内心强大的被孤立感能够暂时得到缓解。对许多男性来说，治疗也是一种过渡仪式，从母亲那里分离，进入男人的世界。通常刚开始治疗时，大多数男性都一样，他们都认为问题出在"外面"，如果他们可以"解决问题"，生活就会重回正轨。随着时间的推移，他们慢慢开始意识到，他们的整个生活都是错误的，无意识间所做出的选择让他们走上了自我疏远的迷宫般的道路。他们也许意识到，自己与女性之间的关系有问题，但他们很少怀疑这个女性实则就在他们体内。他们对父亲有强大的渴望，尽管这在根本上也是无意识的。他们常常感到自己失去了神明，失去了他们与自然和身体的联系。

尽管感到痛苦，这些男性却时常选择麻木。但当他们真正意识到时，他们会感到更加痛苦。他们意识到自己需要智者的教诲，他们渴望生活有更深的意义。他们也知道必须自己治愈自己；伴侣无法治愈他们。然后，他们开始哭泣、愤怒，并承认自己的恐惧。当这些事情发生时，治疗就真正开始了。

当然，大多数男性不会进行治疗。他们缺乏条件和机会，或者担心无法面对可能会在自己内心发现巨大的空洞。但即使是这些人，他们也可能求助于其他男性，传递自己已知的信息，或向别人学习。导师就是去过彼岸，并可以告诉我们彼岸是什么样子的人。从集体层面上看，男性有很多可以分享的东西。作为个体，他们却是如此孤立。男性团体分布在大陆的各个角落，这是分享和指导的绝佳机会，但大多数男性选择永远敬而远之，永远忍受孤单。

遗憾的是，导师并不好找。有多少男性经过启蒙，并将其融入自己的世界观？男孩们仍然需要年长的男人来教导他们，并展示外部世界的知识。但正如尼采所问，谁将教育老师呢？谁将启迪导师呢？在我们这个时代，没有集体的过渡仪式，没有以神话为基础的经验体系来帮助男性，这就是现实的真相。因此，他们必须作为个体来完成这一过程。这样的个体，就像佛教的菩萨一样，出于单纯的慈悲，可以回过头来带领他们的同伴继续前行。

4. 勇敢地去爱男人

最近，一个接受分析治疗的患者发现，爱男人对他来说是十分困难但又是必要的一件事。作为一个特别敏锐且勇敢的男人，他承认问题在于他自己的恐同心理，字面意思就是，对男性的恐惧。为什么他会害怕男性呢，明明他们属于同一性别？

没错，我们对彼此都抱有防备，因为我们都被调教为彼此的竞争对手。在古老的父权游戏中，我们时刻保持警惕，担心别人可能会占上风。但在考虑这个困境时，我们必须深入这个社会性的创伤，找到真正的恐同之源。

正如男性通常通过性行为这个脆弱的桥梁，缩小他们与女性的关系，男性也害怕爱上彼此，唯恐把那种关系性化。即使是同性恋也可能是恐同者，因为他们更有理由害怕同类。因此，恐惧的无声之手再次起了决定性作用。

在体育场上，身体接触是可以被接受的。男人可以互相拥抱、拍打和搂住彼此，甚至在更衣室里一起哭泣。男人甚至可以在战场上生死与共。最近，有一位女性分析者在加拿大漂流。河流非常湍急，她的生命处于危险之中，但她战胜了自己的恐惧，学会控制船筏，与男性船友有了一次奇妙的体验。几天后，她说，他们当时极度有默契，几乎不需要交谈就知道如何穿越急流。我告诉她，这是非常稀有的体验，如果男性曾经有过类似体验，他们将终生珍藏。

对于一个棒球短停球手来说，没有什么能比接住球，转身把球扔向二垒，并看到二垒也完美地接住球更有成就感的事了。这与训练关系不大，更多的是灵魂的交流与契合。这种罕见的融为一体的感觉之所以出现，也许是因为外部的挑战促进了个人的自我超越，服务于共同的目的，但也有可能是因为这种场合让男性感受到了自己作为男人的天性，不带任何威胁或迷惘。一旦环境不具备充足的生命力、不利于超越自我，原有的疑虑和迷惘又会再度入侵。

除了体育和战争，男性很少在其余场合有超越灵魂的交流，这是多么悲哀的一件事啊。拥有一位在情感上亲密的男性朋友也是非常稀有的一件事。与女性相比，男性之间的亲密大多流于表面。大多数男性宁死也不愿讨论他们的恐惧、无能与脆弱的希望。他们要求女性去承担这些情感负担。如第一章中我在圣达菲与一个男子团体的领导的经历，尽管我们确实有很多可以谈论的，但我依旧无法与其分享我的感受。但我在印第安纳波利斯有一个朋友，在维也纳附近也有一个，我们甚至可以继续多年前未完成的谈话。作为一名治疗师，我很荣幸与男性有过一些美好的时刻，只有当我能够越来越自在地与自己相处，不那么恐惧，更愿意展现自己时，这样的对话才有可能发生。

正如耶稣所说，一个人只有在爱自己的情况下才能爱邻居，男性只有在学会爱自己的情况下才能学会爱其他男人。我们把自责和愤怒投射到其他男人身上，然后对他们唯恐避之不及。一旦我们承认这种疏远是出于恐惧，我们害怕他，究其根本是害怕自己，那么我们就迈出了走向爱的第一步。爱的对立面不是仇恨，而是恐惧。爱其他男人，无论是作为个人还是作为一个集体，最难的是我们必须冒着极大的风险来爱自己。面对失败和恐惧，仍能自我接纳，这才是最困难的部分。但用爱和善意取代对同性的恐惧，这一切都始于内心。

5. 自我疗愈

在本书中我们反复提到部落长者们的缺席。我们也知道治疗具有一定相似性，来自相似的共鸣、再认知以及重新联结。因此，受伤的男性会去伤害他们的儿子和其他男人，萨图尔的牺牲就是循环不断地找到新鲜血肉，并将他们摧毁。本书能给大家带来的好消息就是，尽管如此，治疗仍然可以并且确实正在发生。

我们无法改变文化及其对我们的影响。当然，我们也无法改变对我们有强大影响的亲子经历（无论父母是否已故），或者是我们内化这些经历与文化背景，并逐渐适应以求生存的方式。因此，几乎我们所有人都在这条路上迷失了方向。盲人引导着盲人，渴望找到指引。

在《中年之路：人格的第二次成型》一书中，我提供了许多案例，描述了我们是如何根据童年的经验，发展出一个临时人格，我们又是如何带着这个虚假自我开始生活，并做出进一步自我异化的选择，以及到中年时，我们如何承受习得人格和先天自我之间日益扩大的裂痕。所有男性，无论出于生活的哪个阶段，都需要经历这段中年之路，拯救自己的生活。第一段旅程，当然是在物理上离家，不确定自己随身携带的内在行李，是否会导向后来做出的不真实的选择；最后一段旅程，就是面对衰老和死亡的挑战。

如果男性在旅途中找不到自我，便需要付出相应的代价，对此，托尔斯泰的《伊万·伊里奇之死》（*The Death of Ivan Ilyich*）就是个很好的例子。伊万·伊里奇这个名字大致可以翻译为"约翰·约翰逊"，因此，我们可以想见，这是我们每一个普通人的主题。

伊万无意识地接受了社会规定的角色，并这样生活着。后来，他突然患上了一种严重的疾病，才发现自己内心没有任何依靠。他的妻子和朋友的内心同样是空虚的，无法为他提供任何帮助。他最后得出结论——正如在治疗中常见的——他的整个人生就是一场骗局，他对生活的定义是别人为他规定的，而不是他自己选择的。然后，他不得不面对所有男性共有的最大的恐惧，不是对死亡的恐惧，而是对没有真正生活过的恐惧。他的中年之路，一个从临时的、受童年束缚的、受文化驱动的生活，到真正的成年男子的生活的过渡之旅，并没有发生，这使他在面对死亡时毫无准备，正如他的生活一样，很不充实。中年之路的核心是要求一个男人，无关年龄或地位，都要摆脱习惯性的反应和态度，彻底重新审视自己的生活，并冒险按照自己灵魂的需求，活出惊天动地的自我。

一旦确定了母亲在我们的发展中所扮演的角色，以及随之而来的母亲情结与其原型的回响，还有对父亲和长者缺席的失落，我们就知道自己该独自面对什么了。

男性的心理承受着历史的重担，尤其是孩子对抚养和保护的渴望。这个孩子随后被扔到这个世界中去战斗，并最终死去。由于男性始终极度渴望一个安全的港湾，他们通常都把这种重担转嫁到女性身上。但大多数女性都会理智地拒绝，拒绝像母亲那样养育生活中的男人，因此男性必须自己承担这个角色。罗伯特·布莱讲述了澳大利亚原住民为男孩举行的成年仪式：男人们围坐成一个圆，他们划开自己的前臂，并把血挤在一个碗中。然后，在血的共融中，他们互相传递并喝下了这碗血水，老少皆然，然后他们说："母亲的乳汁滋养了你，现在轮到父亲的血来养育你了。"[1]

男性害怕依赖他人是可以被理解的，但他们不应该害怕自己对养育的需求。所有生物都需要照料和喂养。男性对于依赖的过度补偿——像孤独漂泊在平原的约翰·韦恩（John Wayne）和克林特·伊斯特伍德（Clint Eastwood）的模式——是病态的，

1　罗伯特·布莱，《钢铁约翰：一本关于男人的书》，第 121 页。

任何与之生活的人都能证明。男性必须接受自己对养育的需求。无论是去女性还是去其他男性那里寻求，他们都需要认识到呵护与滋养自己主要是他们自己的责任。只有这样，他们对他人的恐惧和需要才能逐渐合理化。

如果说养育是男孩与母亲关系背后的原型需要，那么我们也可以说，赋权是从父亲世界寻求满足的原型需要。男孩需要看到父亲与他自己的内在真理建立关系，妥善处理恐惧和羞耻，尊重女性，并开始在外面建立一个新的世界。个人赋权不应与权力情结混为一谈。权力游戏阉割了所有男性，而赋权意味着一个人可以在生活中感受到良好的能量，可以用以深入生活，并为人生的深度和意义而斗争。当黑暗势力逼近时，其内心有足够的资源可以依赖。当然，如果能够拥有一个亲近的亲生父亲作为榜样，对激活这种赋权会很有帮助，但遗憾的是，大多数男性只能靠自己。

实际上，母亲和父亲的情结都是充满能量的簇群，它们的生命超越了意识的控制。每个男性都必须盘查自己内化的意象，并辨别在维持自我能力和为更伟大的生命而斗争的过程中，这些力量是如何运作的。这些能量群是如何充电复原的？它们向自己的内在和外在都传递了什么信息？以及它们都导致了哪些错误的选择？

为了更好地理解和哀悼父亲，上文中提到的那些问题，每个男性都必须扪心自问一下。他自己有什么创伤和愿望？他未曾过的理想生活是什么？这些每个男性都希望父亲能问的问题，现在必须由他自己来提问。如果想知道如何成为一个男人，如何应对恐惧，如何找到勇气，如何做出不受欢迎的选择，如何平衡阳刚与阴柔的能量，如何找到灵魂的轨迹并与其共同前进，现在就必须勇敢向自己提出这些问题。即使不知道答案，他至少也是在问对的问题。正如里克尔曾在写给一个年轻朋友的信中所说的：

> 对于你心中未解决的一切，都要保持耐心，并试着去爱这些问题本身……现在不要寻求答案，因为你或许还无法承受。关键是，要活得精彩。现在就活在问题中。也许有一天，你会在不经意间，逐渐活出答案。[1]

男性必须自问，例如，是什么阻碍了我？我必须承担什么任务？生活呼唤我做什么？我该如何使工作和灵魂更契合？我怎样才能既处理好人际关系，又不失去自我？我必须占据哪些

---

1 赖纳·马里亚·里克尔，《致年轻的诗人》（*Letters to a Young Poet*），第 35 页。

父亲未曾涉及的领域，并在上面插上自己的旗帜？然后就是当
具有决定性意义的时刻来临时，去冒险，在现实世界中大胆地
验证这些问题。成为真正的男人意味着你知道自己想要什么，
然后调动所有内在资源去实现它。这看似简单，实则不然。首
先，真正知道自己想要什么就是一件非常困难的事。如何从个
人情结和文化的喧嚣中分辨出内在的真相？又如何在辨明真相
之后，鼓足勇气生活在现实世界中？

正是这种对内外世界的大胆质疑，塑造了一个真正的男人。
过时的文化及萨图尔的力量确实非常强大，但我们的心灵同样
具备充足的资源，帮助利用这股反叛的力量取代过去，铸就一
个不同的未来。荣格曾经观察到，我们不解决问题，而是超越
问题。[1] 这种心灵扩展的能力使治愈变得可能。我们都希望母亲
能把我们抱在怀里，呵护我们；我们也渴望站在父亲背后，让他
带领我们前行。但这些都不会发生。每个男人都必须摆脱父母
情结的指示，做出自己的决定，满足自己的渴求。那些没有被
父母激活，或者只是部分激活的东西，现在必须由自己来激活。

我记得有个男人，在"二战"中失去了他的父亲。多年来，
他都为此感到悲恸，总是觉得自己不配生活在这个充满敌意的

1　荣格，《金花的秘密》（"The Secret of the Golden Flower"），《炼金术研究》
（Alchemical Studies），《荣格文集》第 17 卷，第 17 段。

宇宙中。他经常崇拜有权势或有学问的男人，甚至偶尔会对某种意识形态产生依赖，希望找回那失去的父亲的力量和智慧。有一次，他一个人在开普梅（Cape May）度假，与已故的父亲进行了一系列对话，问了所有之前没有机会问的问题。他感受到自己内心有一个存在，一个可以与之对话，且实际上确实回应了他的问题的存在。

显然，他并不是真的和他的父亲在对话，而是和他自己内心的父亲意象在交流，就是他自己，通过提问的方式，激活了自身天性的一部分。父亲的存在不是为了被盲目地模仿，而是需要他以身作则，通过肯定来激活儿子内心的父亲意象。当父亲不在，或者受创太重，无法发挥这个作用时，儿子就会面临一种缺失感。通过将问题、恐惧和渴望内化，并尊重那些浮现的意象，即使无法完全克服，儿子也至少可以部分克服这种缺失。通过积极的想象和梦境，儿子最终还是可以触及为自己赋权的父亲。

生物学上的父母肩负着传输和激活孩子生命力的巨大责任，考虑到他们自己的创伤，这个任务远远超出了他们合理完成的能力。但儿子可以通过勇气和深入的灵魂运作，超越父母创伤所带来的限制。这么做不仅是为了他自己，也是为了他的孩子和他生活的世界。正如尼科斯·卡赞扎基斯（Nikos Kazantzakis）

提出的任务：

> 人类是一团泥，我们每一个人都是一个泥团。我
> 们的职责是什么？是为了在我们的肉体和心灵的粪堆
> 上绽放出一朵小花。[1]

圣甲虫因其滚粪球的习性而被人们知晓，对埃及人来说却
是神圣的存在，因为他们明确地看到，某种生命可以从粪便中
诞生。同样，人也可以从个人历史的糟粕中拯救受伤的灵魂。

6. 找回灵魂之旅

得益于女性抗议传统角色，拒绝缺乏独特性和平等制度的
勇气，男性现在终于可以公开他们的第一个秘密，即他们的生
活和女性一样，受限于角色的期待。女性已经带头做出了示范。
可以预见的是，许多男性之所以反对女性争取自由，一方面是
因为男性觉得她们会夺走某些东西，但更多的是，他们觉得在
严格定义的性别角色中很舒适。直到女性迫使他们更仔细地审
视自己时，大多数男人才意识到，自己的角色是压抑和扭曲的。

普通男性仍然不愿审视自己的生活，唯恐自己被迫改变，
而改变总是伴随着焦虑。但当他意识到，改变的焦虑远远比不

1　尼克斯·卡赞扎基斯，《上帝的救世主》（ *The Saviors of God* ），第 109 页。

上被束缚的抑郁和愤怒时，改变对他而言就更有吸引力了。荣格指出，当个体的无限可能受到文化的限制时，神经症是必然的结果：

> 我常常看到，当人们对生活所给出的答案不满意时，就会变得神经质。他们追求地位、婚姻、名声、外在的成功或金钱，即使他们已经得到了自己所追求的东西，他们仍然感到不快乐和神经质。这样的人通常受限于自己狭隘的精神视野，他们的生活没有丰富的内容和意义。如果他们能够发展出更宽广的人格，神经症通常就会消失。[1]

荣格列出的虚假目标和黄金偶像与西方的成功梦有异曲同工之妙，但即使男性实现了这些目标，甚至为这些偶像而牺牲，他们仍然不觉得自己是成功的。他们会感到不安、羞愧和孤独。在亚瑟·米勒（Arthur Miller）的《推销员之死》中，相信大家都不会忘记一家人围着威利·洛曼（Willy Loman）坟墓的场景。当他的朋友查理为这个在困境中被生活打倒的工人致悼词时，威利的儿子说出了悲伤的事实："查理，那个男人不知道自己

1　荣格，《回忆、梦想与反思》（*Memories, Dreams, Reflections*），第140页。

是谁。"[1]

　　对于一个男人来说，尤其是那些努力工作却依然被生活击垮的人，没有比这更可悲的墓志铭了。如果不是为了更了解自己，我们为什么还存在于这个仍在自转的星球上？男性停止了正确的提问，因此他们痛不欲生。他们只能通过找回自己的灵魂之旅来拯救自己，他们必须这么做，别无选择。

　　最近，有一位分析者跟我分享了以下梦境：

> 　　我和一个男人在水中，他的腿受伤了，他因此沉了下去。我应该救他，但我不会游泳。我必须做点什么，我很害怕但我仍然潜入水中，在水底找到了他，并把他拉了上来。我给他做了心肺复苏，我必须这么做，因为没有别人了。后来他终于苏醒，恢复了呼吸。

　　那个溺水的男人其实是做梦者自己，这是自我意识的直觉，灵魂知道必须对他进行拯救。只有当他愿意深入自己的内心，给予生命（精神）再次呼吸，他才有可能得救并拯救他人。没有人能替我们做这件事，我们必须重新开始古老的英雄之旅，深入自己的内心。这是男性应该做的工作，是拯救自己的工作。

1　亚瑟·米勒，《推销员之死》（*Death of a Salesman*），第 138 页。

审视完内心之后，男性便能同样对外部世界进行必要的审视了。大多数男性通过工作来证明自己，但即使取得了成功，他们也不觉得自己受到了重视。在完成个体的审视工作之前，他们只能利用工作来证明自己的身份。正如阿尔贝·加缪所说的："没有工作，生活的一切都会腐坏。但当工作没有灵魂时，生活就会窒息死亡。"[1] 虽然我们不能忽视经济现实，但我们也必须确保工作能够为生活提供意义和实质作用。因此，男性有必要重新定义自己，以及决定该如何度过这宝贵的一生。

任何一个男人都无法在离开家园或生活在这世上时不必遭受身体和灵魂上的严重伤害。但他必须学会说："创伤并不能代表我的生命，我活着也不是单纯为了对抗创伤的。我是自己人生的主宰。"生活的伤痛可能会压垮灵魂，但也可能会加速意识的觉醒。但只有不断加深意识，才能给旅程带来光明。米格尔·德·乌纳穆（Miguelde Vnamuno）诺向我们提出了挑战：

> 摆脱悲伤，振作精神……
>
> 行走时要像种子一样抛撒自己……
>
> 不要回头，因为身后就是死亡，

1　阿尔贝·加缪，《抵抗、叛乱与死亡》（*Resiance, Rebellion, and Death*），第 96 页。

　　也不要让过去阻碍你的脚步。

　　把活着的留在田野里，把死去的留在你心里，

　　因为生活不同于云彩四处飘动，

　　有朝一日，你将能够从工作中收获自己。[1]

　　灵魂找回之旅对男性而言是拯救自己的必要条件。他必须能够在更大的背景中，在永恒的框架中，再次看到自己。荣格向男性提出的问题，也是我们必须扪心自问的：

　　他是否与某种无限性相关？这是生命中的关键问题……如果我们能理解并感觉到，在这一生中，我们已经与无限性建立了联系，欲望和态度就会随之发生变化。归根结底，我们之所以有价值，是因为我们体现了最本质的东西，如果连这种本质都无法体现，生命就荒废了。[2]

　　一个男人在某种宗教、政治或家庭形式中是否感到自在，这些都不重要。他是这趟旅程的核心，这才是最重要的意义。

1　米格尔·德·乌纳穆诺，《如种子般顽强》（"Throw Yourself Like Seed"），收录于《破旧灵魂回收处》，第 234 页。
2　荣格，《回忆、梦想与反思》，第 325 页。

漂泊在汹涌的大海上，他的恐惧是可以理解的，但如果因此放弃继续航行，向某种意识形态投降，或是转而依赖他人，他便失去了自己的男子气概。是时候诚实面对，承认恐惧，但依然坚定地走出自己的人生之路了。

召唤人生的旅程并非意味着自私自利。男性仍有义务履行对他人的承诺，承担相应的责任。但与此同时，来自个体的召唤也是不可避免的一部分。如果忘记这个召唤，虚度在这尘世的短暂的一生，对于他人而言他便成了一个问题。跟随自己的灵魂生活就是侍奉自然、侍奉他人，以及侍奉世间的奥秘。然后，我们将化为无形，短暂地照亮这两个伟大的奥秘。[1]

7. 加入革命

如果说本书对即刻实现社会变革持悲观态度，并对男性运动带有些许怀疑，但对于个体获得意识、找到改变的勇气、夺回属于他们的生活的能力，本书仍持乐观态度，并相信这能为世界带来变革。

历史上，当一种文化变得过于单一时，变革就会发生。于是，所有公民无意识中都出现了补偿心理。此时需要一个直觉敏锐的人，也就是更能感知到无意识内容的人，将那些被忽视的价值带到眼前。也许，艺术家就是第一个这样的人，他们将

1　荣格，《荣格通信集》（*C.G.Jung Letters*）第 1 卷，第 483 页。

超前于时代的价值体现在其作品中。他可能会受到嘲笑、拒绝，甚至遭受漠视，但这颗种子已开始在其他地方萌芽。先知可能会殉道，但他的真理已经挑战了集体。正如现在，猫已经逃出了袋子，萨图尔的束缚已然放松，变革一触即发。难怪独裁者要压制艺术家和有远见的人，因为他们对集体思维的控制最危险。

在 19 世纪，孩子是可以被出售或租赁给他人的财产，而女性则被视为没有权利或尊严的财产。自历史开端，男性也彼此压迫。如果儿童的权利现在逐渐占有一席之地，女性正在要求得到尊重，那么男性也不该只是个没有灵魂的机器。法国将军利奥泰（Lyautey）在种植某种树苗时被告知，这棵树要花 100 年时间才能完全长大。他回答说："那我们今天下午就要开始。"[1]我们也必须从今天开始，我们每个人都是问题的一部分，或者从个体角度看，都是解决方案的一部分。除非所有人都获得自由，否则无人自由。

是时候抛开谎言了，是时候反对那些拥有权力（无论是凌驾于男人、女人还是孩子的权力）即男人的言论了；是时候反对所有的压迫了——恐惧的偏执、油腔滑调的政客等——最重要的是，是时候反对萨图尔的统治了，反对羞辱和分离男性的暴政。

1　利奥泰，《棕色轶事集》（The Little, Brown Book of Anecdotes），第 372 页。

加入革命并不意味着必须上台发表演讲，而是需要开始诚实地面对自己的生活。革命从家里开始，从自己开始。现在，读者们都知道自己并不孤单，也不必担心自己奇怪，其他男性都经历过他所经历的，他们正在一起受苦。

当男性停止自欺欺人，当他们愿意承认并为其秘密承担责任时，革命就开始了。他们仍然需要斗争和忍受痛苦，但他们现在至少是坦诚的。他们必须从自己开始，在家里开始，意识到成长过程中所遇到的萨图尔的假设会阉割并摧毁他们，就像古老的暴君手持利刃所做的那样。

如果个人能走出萨图尔的阴影，他同样也为其他人做了一件伟大的事情，无论别人是否知晓。他已经明白，只要不把权力交出去，没有人可以控制他。他找回了自己灵魂之旅的价值。他的生活获得了新的意义，他的祈祷，用卡赞扎基斯的话来说："是士兵对将军的报告：今天我做了什么，我如何战斗并拯救了这片领域，我遇到了什么障碍，明天我打算如何战斗。"[1] 当这个男人，那个男人，以及遥远的另一个男人，他们都开始对自己的生活负责时，古老的暴君就会失去对他们的控制。

据说，当宙斯听说宇宙中有一种力量比权力本身更强大时，他害怕极了。正如霸凌者的一贯作风，宙斯和他的帮凶四处威

1　尼科斯·卡赞扎基斯，《上帝的救世主》，第 107 页。

吓他人。即使是普罗米修斯，其名字暗示革命的先知，也被困在高加索的岩石上受难。但那种能量不可能永远被压制。所有欺凌者和暴君都惧怕的力量是——正义，在这种力量面前，即使是神也会颤抖。

当暴君被推翻，当个人走出萨图尔的阴影，当他们拒绝集体的期望，并找回自己的道路时，正义就会回归。目前大多数男性仍受压迫，出于自己的伤痛，他们也压迫着其他男性，伤害女性和儿童。正义确实还很遥远，但我们每个人都有责任先在自己心中找到正义，然后在漫长的路途中继续寻找它。

> 旅行者，在星星的引导下，你已经走了很长的路。
>
> 但愿望中的王国在夜的另一端。
>
> 愿你一路顺风，同路人；
>
> 让我们欢欣同行，
>
> 以灾难为生，食饮那纯净的光。[1]

1　托马斯·麦格拉斯（Thomas McGrath），《墓志铭》（"Epitaph"），收录于《破旧灵魂回收处》，第 256 页。

参考文献

Agee, James.A *Death in the Family*. New York: Bantam, 1969.

Alighieri, Dante. *The Comedy of Dante Alighieri*. Trans. Dorothy Sayers. New York: Basic Books, 1963.

Auden, W.H. *The Dyer's Hand*. New York: Random House, 1962.

——. *The Collected Poems of W.H. Auden*. New York: Random House, 1976.

Bly, Robert. *Iron John: A Book About Men*. Reading, Mass.: Addison-Wesley Publishing Company, 1990.

Bly, Robert; Hillman, James; and Meade, Michael, eds. *The Rag and Bone Shop of the Heart*. New York: HarperCollins, 1992.

Broadribb, Donald. *The Dream Story*. Toronto: Inner City Books, 1990.

Campbell, Joseph. *The Masks of God: Creative Mythology*. New York: Penguin Books, 1964.

——. *The Masks of God: Primitive Mythology*. New York: Penguin

Books, 1969.

_____ . *This Business of the Gods* ... In Conversation with Fraser Boa. Toronto: Windrose Films, 1989.

Camus, Albert. *Resistance, Rebellion, and Death.* New York: Alfred Knopf, 1961.

Clothier, Peter. "Hammering Out Magic." In *Art News,* November 1991.

Complete Greek Tragedies, The. Trans. David Green and Richard Latimore. Chicago: University of Chicago Press, 1960.

Comeau, Guy. *Absent Fathers, Lost Sons: The Search for Masculine Identity.* Boston: Shambhala Publications, 1991.

Crowell's Handbook of Classical Literature. Ed. Lilian Feder. New York: Thomas Crowell, 1964.

cummings, e.e. *Poems 1923-1954.* New York: Harcourt, Brace and Co., 1954.

Dunn, Stephen. *Not Dancing.* Pittsburgh: Carnegie-Mellon University Press, 1984.

Eliade, Mircea. *Rites and Symbols of Initiation.* New York: Harper, 1958.

Eliot, T.S. *The Complete Poems and Plays.* New York: Harcourt,

Brace, 1962.

Ellman, Richard. *Yeats: The Man and the Masks.* New York: Dutton, 1948.

Fuller, Simon, ed. *The Poetry of War, 1914-1989.* London: BBC Books and Longman Group UK Limited, 1989.

Gardner, Robert L. *The Rainbow Serpent: Bridge to Consciousness.* Toronto: Inner City Books, 1990.

Grimm Brothers. *The Complete Fairy Tales.* New York: Pantheon, 1972.

Gurdjieff. *Meetings with Remarkable Men.* New York: Dutton, 1963.

Hall, James A. *Jungian Dream Interpretation: A Handbook of Theory and Practice.* Turonto: Inner City Books, 1983.

Hamilton, Edith. *Mythology.* New York: Mentor, 1969.

Hawthorne, Nathaniel. *The Portable Hawthorne.* New York: Viking, 1960.

Hesse, Herman. *Demian.* New York: Bantam, 1965.

Hillman, James, and Venturi, Michael. *We've Had a Hundred Years of Psychotherapy and the World Is Getting Worse.* San Francisco: Harper Collins, 1993.

Hollis, James. *The Middle Passage: From Misery to Meaning in Midlife.* Toronto: Inner City Books, 1993.

Hopcke, Robert. *Men's Dreams, Men's Healing.* Boston: Shambhala Publications, 1989.

Hopkins, Gerard Manley. *The Poems of Gerard Manley Hopkins.* New York: Oxford University Press, 1970.

Johnson, Robert A. *He: Understanding Male Psychology.* New York: Harper and Row, 1977.

Jones, Ernest. *The Life and Work of Sigmund Freud,* vol. 1. New York: Basic Books, 1953.

Joyce, James. *The Portable James Joyce.* New York: Bantam, 1982.

Jung, C.G. *The Collected Works* (Bollingen Series XX). 20 vols. Trans. R.F.C Hull. Ed. H. Read, M. Fordham, G. Adler, Wm. McGuire. Princeton: Princeton University Press, 1953-1979.

____. *Memories, Dreams, Reflections.* Ed. Aniela Jaffé. New York: Random House, 1963.

Kafka, Franz. *The Penal Colony: Stories and Short Pieces.* Trans. Willa and Edwin Muir. New York: Schocken Books, Inc., 1961.

Kazantzakis, Nikos. *The Saviors of God.* Trans. Kimon Friar. New

York: Simon and Schuster, 1960.

Kierkegaard, Soren. *The Journals of Kierkegaard.* New York: Harper, 1959.

Kipnis, Aaron. *Knights without Armor.* Los Angeles: Jeremy Tarcher, 1991.

Lee, John. *At My Father's Wedding.* New York: Bantam, 1991.

Leonard, Linda. *The Wounded Woman: Healing the Father-Daughter Relationship.* Boston: Shambhala Publications, 1983.

Little, Brown Book of Anecdotes, The. Ed. Clifton Fadiman. Boston: Little, Brown, 1985.

Maloney, Mercedes, and Maloney, Anne. *The Hand That Rocks the Cradle.* Englewood Cliffs, NJ: Prentice-Hall, 1985.

McCracken, Harold. *George Catlin and the Old Frontier.* New York: Bonanza Books, 1959.

Miller, Arthur. *Death of a Salesman.* New York, Penguin, 1976.

Modern Poems: An Introduction to Poetry. Ed. Richard Ellman. New York: Norton, 1973.

Modern Verse in English. Ed. David Cecil and Alan Tate. New York: MacMillan, 1958.

Monick, Eugene. *Castration and Male Rage: The Phallic Wound.*

Toronto: Inner City Books, 1991.

___ . *Phallos: Sacred Image of the Masculine*. Turonto: Inner City Books, 1987.

Moore, Robert, and Gillette, Douglas. *King, Warrior, Magician, Lover: Rediscovering the Archetypes of the Mature Masculine*. San Francisco: Harper, 1991.

Nietzsche, Friedrich. *The Portable Nietzsche*. Trans. Walter Kaufmann. New York: Viking, 1986.

Norton Anthology of Poetry. Ed. A. Alison. New York: Norton, 1970.

Osherson, Sam. *Finding Our Fathers*. New York: Free Press, 1986.

Pederson, Loren. *Dark Hearts: The Unconscious Forces That Shape Men's Lives*. Boston: Shabhala Publications, 1991.

Perera, Sylvia Brinton. *Descent to the Goddess: A Way of Initiation for Women*. Toronto: Inner City Books, 1981.

Ressler, Robert, and Schactman, Tom. *Whoever Fights Monsters*. New York: St. Martin's Press, 1992.

Rilke, Rainer Maria. *Duino Elegies*. Trans. David Oswald. Einsiedeln, Switzerland: Daimon Verlag, 1992.

___ . *Letters to a Young Poet*. Trans. M.D. Herter Norton. New

York: W.W. Norton and Co., 1962.

___ . *Selected Poems of Rainer Maria Rilke*. Trans. Robert Bly. New York: Harper and Row, 1981.

Schwartz, Delmore. *The World Is a Wedding*. New York: New Directions Press, 1948.

Shakespeare, William. *The Complete Works of Shakespeare*. Glenview, IL: Scott-Foresman, 1970.

Sharp, Daryl. *The Secret Raven: Conflict and Transformation*. Toronto: Inner City Books, 1980.

___ . *The Survival Papers: Anatomy of a Midlife Crisis*. Toronto: Inner City Books, 1988.

Thomas, Dylan. *Collected Poems*. New York: New Directions Publishing Co., 1946.

Thoreau, Henry. *The Best of Walden and Civil Disobedience*. New York: Scholastic Books, 1969.

von Franz, Marie-Louise. *Puer Aeternus: A Psychological Study of the Adult Struggle with the Paradise of Childhood*. 2nd ed. Boston: Sigo Press, 1981.

Woodman, Marion. *Addiction to Perfection: The Still Unravished Bride*. Toronto: Inner City Books, 1982.

_____ . *Leaving My Father's House: A Journey to Conscious Femininity.* Boston: Shambhala Publications, 1992.

_____ . *The Pregnant Virgin: A Process of Transformation.* Toronto: Inner City Books, 1985.

Wyly, James. *The Phallic Quest: Priapus and Masculine Inflation.* Toronto: Inner City Books, 1989.

Yeats, William Butler. *The Collected Poems of W.B. Yeats.* New York: MacMillan, 1963.